此书献给热爱设计专业的同学们

序

《高等艺术设计课程改革实验丛书》推出后不久再版，鞭策之褒，善意之贬，纷至沓来，更有热情同道者纷纷加入编撰行列，使之有了续编与拓展的可能，这正是我们期待的结果。

中国的设计教育处在关键的历史转折期，面临着发展、改革、提高等诸多的问题与挑战。课程是大学学习的主体，除了必备的硬件建设外，体现先进教学理念的课程建设更加重要，办学目标与办学思想最终必须体现在课程教学之中。当前，不少设计院校都将教学改革的重心移向以课程体系、结构、内容和教学方法为主要目标的课程改革上，以促进教学质量的提高。而且时下进行的"全国本科教育水平评估"已将教学改革与课程建设列为评估的核心指标体系，这也将使设计专业教育走上正轨。因此，策划本丛书的思想和对本丛书的内容定位正符合教学改革发展的大方向。

本丛书第一批6卷问世后，听取了各方意见，并在编撰第二批7卷的过程中不断完善与提高。当然，我们将保持该丛书策划的初衷，即体现突出课题、强化过程的鲜明特色。实践证明，这种教学方式越来越受到师生们的认可。另外，本丛书坚持开放性原则，聚集了来自不同院校、不同专业教师的教学思想与方法，呈现了多元化的教学风格，这也是本丛书的一大特色。当然，从课程教学规律出发，从艺术设计专业的特点着眼，所有的课程改革与实验都应该处理好相对稳定与必然发展之间的关系，但归属只有一个：那就是建设适应社会发展需求的课程体系，始终保持课程教学的时代性、先进性和特色化。

叶　苹

《高等艺术设计课程改革实验丛书》编委会　主编

2005年

无锡惠山

高 等 艺 术 设 计 课 程 改 革 实 验 丛 书

陆家桂　曹学会　编著

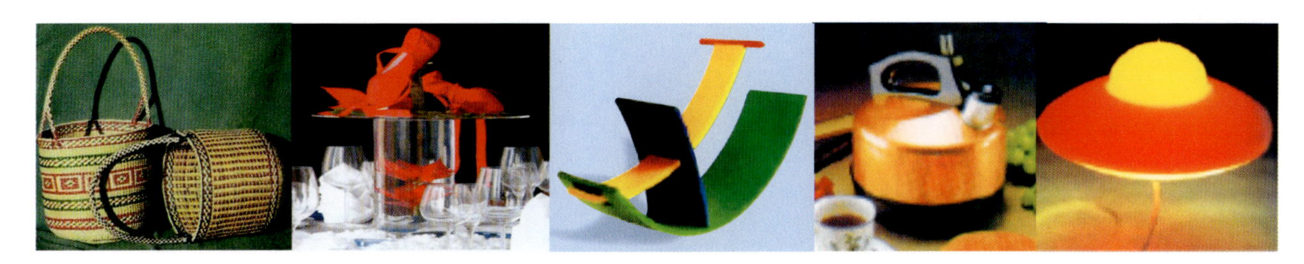

中国建筑工业出版社

产品设计变奏曲

产品设计教程

Variation of Product design

CONTENTS

目录

CONTENTS

目录

PREFACE

前言

“理性的语言”虽然记不起是哪位大师所说，但它却成了我写作本书的指导思想。

本书分两大部分：1．知识性方面，对产品设计的有关知识，如怎样理解设计、产品设计与审美、产品设计实践过程中需哪些步骤与方法等作了阐述，特别强调了高科技设计的重要性。当前是高科技时代，产品设计对科技含量的要求越来越高，因此，高科技产品和科技美也在本书中占有一定地位。将新科技、新思维、新观念引入书中，以期学生对产品设计有较全面的认识。

2．实践性方面，本书在设计实践的步骤一章中，对设计从市场调查、发现问题、提出问题、策划定位、制定方案到构思构图，特别是草图的绘制、制模审定、实施生产等，从操作技巧到方法都作了详尽而具体的阐述，并有针对性地设置了课题作业，使学生在实践中能有所收获。

鉴于设计艺术是一种智慧的体现，因此，本书选择了一批国内外优秀的、具有代表性的各类产品设计的图片，使学习者通过视觉，从直观、欣赏、思考、分析中有所领悟，得到企迪。

产品设计在重视功能性的前提下，也决不能忽视艺术性。现在已进入信息时代，竞争加剧，随着经济的发展，人民生活的提高，观念不断更新，人民要求于产品的不仅是好用，还要好看。因此艺术设计的商业化也具有必然性，因为它影响到市场需求，并影响到国民经济的发展。同时美的产品设计，还影响到社会精神文明的建设。为此，本书在肯定产品设计功能性的前提下，对形式美之于产品设计作了必要的强调。

本书融知识性、可读性、欣赏性和可操作性于一体，适用于高校教材，也可作为产品设计专业人员和爱好者阅读之用。

陆家桂

2005年6月于无锡

第一单元　设计与审美

一、设计的概念与涵义

（一）什么是设计

“设计” 一词在当代社会是一个时尚的词汇，它和群众的接触面越来越广泛，但究竟怎样来理解设计，却有点说不清、道不明。

“设计”一词是由英文（Design）翻译过来的，它的涵义和技术、工程设计等的含义有所不同，包含了创造、计划和美学意义上的探索，属于人类创造性活动的基本范畴，是针对一定的目标，运用材料，通过结构、工艺和艺术处理等一切有形、无形的方法，从而达到目标而产生的结果。

设计，作为一种活动，从历史观点看，可说是和人类的历史一样古老，人们为了生存，不断地对自然进行改造，所以从石器时代人类已经开始了设计活动。数千年来，人类创造了光辉灿烂的文化，无论是上古时代的工具，如石刀、石斧，还是当今征服自然的人造卫星、宇航飞船；从人类幼稚的设计动机，到有计划地开发宇宙奥秘的宏图大略，也就是从古代到现代，由低级到高级，由简单到复杂，由范围狭窄到广阔，设计始终贯彻其中，就是说人类在认识世界、改造世界的过程中，无论是物质财富的创造，还是精神财富的创造，都离不开设计，这个设计的世界可称之为人造世界。所以，人们生存与生活的世界，应该是自然世界和人造世界的共同体，用美国著名管理学家，1978年诺贝尔经济奖获得者赫伯特·A·西蒙的话说：“我们生活着的这个世界，是大自然所‘设计’的事物和人类所设计的事物共同组成的，是一个复杂的混合体。”人自生存以来，就一直生活在这样一个“混合体”的世界里，而这个“混合体”正在不断地变化，即由于设计领域的不断拓宽，人造世界的成分越来越多，致使当代人们几乎生活在一个人造世界里了。

这些说明，设计是人类一种有意识、有目的的创造性的活动，在这一活动中，体现了人的聪明、智慧、才能、创造精神，以及追求新生活的理想、情感和愿望。而人类这种自由、自觉的创造性活动，是和美的创造之间存在着内在联系，而且还可以理解为这种生产活动和美的创造是由设计来实现的。

不同时代、不同国家以及持有不同观点者，对什么是设计有其不同的说法。在拉丁语中设计是徽章、记号的意思。200多年前的大英百科全书中把设计主要看作是绘画与实用美术的区别，英语Design意指图案、图样、配置或计划。到19世纪，设计的概念仍与图案相提并论，带有装饰的意义。第一次世界大战后，德国包豪斯学院把设计与一些专业课程相联系，如家具设计、金属设计等，使其超越了单纯的艺术性，而与实用价值、经济价值联系起来。作为意译的汉语，从字面上讲则含有设想与计划之意，即人类对自己预期设想、筹划的特定事物，通过实践达到一定的目标，得到一定的结果而采取的方法和步骤。

（二）广义设计与狭义设计

广义的设计

广义的设计可看作是一种文化活动，它已突破了物质生产领域而成为社会文化的一个重要组成部分，即不仅是一般工程技术与产品开发设计，可以理解为人类自觉把握、遵循客观规律，并根据人类社会的需要以及社会结构、机制和发展趋势，依照一定的目的，作出有益于人类生产与生活的设想、规划，并付诸实施的创造性、综合性的实践活动。也即包括任何社会硬件与软件的设计，如设计一项城市交通规划、一个组织机构、一个社会教育体制或一个生态平衡模式等，当然更包括物质方面的，如生产工具、生活资料的设计等，涉及到自然科学和社会科学等广泛的领域。因此，从最为广泛的意义而言，人类所有生物性和社会性的原创活动都可以被称为设计。

狭义的设计

可以理解为根据人们生活与生产的需要，合理地运用材料、技术，通过艺术处理，并从人的生理、心理特征出发，依照一定的预想目的作出的从设想、规划、制作到生产出成果的创造性、综合性的实践活动，并使自然物从内容到形式发生变化而成为人工制品的行为。具体说，主要指作为实用美术的视觉传达设计、产品设计、建筑设计、环艺设计、园林设计以及服饰设计等。

设计除针对物的机能、结构等属性外，还含有审美属性，所以，设计往往成为美化、舒适、创新的代名词。

设计的定义与含义，其内涵和外延是随着经济与社会进步而不断发展、变化的。20世纪90年代以后，由于全球性自然环境的恶化，使设计从关注人与物到关注人与环境及环境自身的存在，出现了关注生态环境的设计思想和设计潮流。这是对设计领域的拓宽和设计概念的延伸。总的说，设计是一种创意的文化，要有自己的特色，要设计出标新立异、鹤立鸡群的产品，从而不仅为为企业直接创造了财富，而且也为世界创造了文明。

二、设计与审美

（一）审美意识与审美感受

人的审美意识产生于人的生产实践活动，并在长期的历史进程中逐渐发展和完善。

审美意识是作为审美主体的人所独具的，它是客观存在的，是具有美的属性的客体在人头脑中的反映。由审美意识而形成审美观念，审美观念包括审美趣味、审美理想和审美标准。审美观念直接指导着人们的审美实践活动，并规定着人们的审美方向。人的审美意识在对具体、个别、感性形象的接触中，以审美直觉触发引起并展开了审美活动，使人对审美对象有了整体的把握，从而由情感体验产生了美感。

关于内容美与形式美问题。现实中的任何事物都具有一定的内容和形式，可以说没有无内容的形式，也没有无形式的内容。黑格尔曾说："美的东西可以分为两种，一种是内在的东西，即内容。另一种是外在的，即内容借以显出意蕴和特征的东西"（黑格尔《美学》第一卷第46页"谈形式美"）。内容与形式是矛盾的统一。内容是指构成事物的内在要素的总和；形式指显现内容诸要素的结构方式和表现形态。一般讲，内容是决定事物性质的基础，形式是为内容所要求而存在的方式。因此，内容决定形式，形式服从内容；同时，形式有它相对的独立性，并又能反作用于内容。这是内容与形式关系的一般规律。

但在现实中，内容与形式关系又表现得错综复杂，很不平衡，其绝对平衡是少数，相对平衡或不平衡居多数。对于实用产品，往往着眼于使用价值。但人们在满足物质的使用功能的同时，还须满足其精神审美的需要。所以设计者在设计实用物品时，又要十分重视为满足人们精神审美需要的物的外观美，有人说实用物的美在于形式美，这话不无道理。

（二）形式美及其特征

形式作为内容存在的方式，包括两个方面：一是内形式，指内容诸要素的内部结构的排列方式；二是外形式，是与内部结构紧密相联的外部表现形态，是直接作用于人感官的事物的外部风貌。

形式美的主要特征是具有直观性，它使人们能直接触摸到、感受到对象的美。人们欣赏美，无论是自然美、艺术美、还是产品的美，总是先凝视、观照对象的外形，把审美关注高度集中在对象的外观上，从事物外部形态美的欣赏，进一步领悟其内在的精神力量。黑格尔曾说："遇到一件艺术作品，我们首先见到的是它直接呈现给我们的东西，然后才追求它的意蕴或内容。前一个因素即外在的因素，它对于我们之所以有价值，并非由于它所直接呈现的；我们假定它里面还有一种内在的东西，即一种意蕴，一种灌注生气于外在形状的意蕴。那外在形状的好处就在指到这意蕴”（黑格尔《美学》第一卷第22页）。

这就是所谓的在创作与鉴赏中从“由内而外”到“由外而内”的过程，也即读者、观众从直接接触到的美的形式，进而赏析对象的内容美，从而实现了美能陶冶人情性的作用。由此可见，形式美在内容与形式关系中的重要位置。

（三）形式美包括形式美因素和形式美规律

1．关于形式美因素

我们生活的大千世界充满了光与色、声与形，这些作为自然物质材料美的色彩、线条、形态和动听的声音，是构成事物形式美的因素。

● 色彩在视觉诸元素中是对视觉冲激力最强、反应最快的一种信息。色彩的物理本质是波长不同的光。1666年，牛顿利用三棱镜的折射，将太阳光析解为红、橙、黄、绿、青、蓝、紫七种颜色，揭开了色彩的谜。由于物体对色、光具有吸收或反射的功能，便呈现出各种不同的颜色。色彩有纯度和明度之别，对色彩作明暗、深浅的处理，并结合人们的视觉经验与联想，可造成冷暖感、轻重感、软硬感、膨胀收缩感以及质量感等的视觉效果。

色彩具有象征性、表情性、易变性等性格。工业设计运用色彩的这些特性，有助于质感的凸显和体现不同物的内在的本质。产品色彩能作用于人的心理变化，强烈而鲜明的色彩能使人兴奋、愉快，精神为之昂扬。故食品的广告、包装和儿童用品等宜用色彩绚丽的暖色调，如巧克力西点广告，整体用暖色调，巧克力西点的颜色与服饰、孩子的肤色相呼应，增强了巧克力西点的诱惑力。“铁皮玩具”造型可爱，主色调红火、亮丽，体现出儿童活泼、健康、欢乐、富有生气的特征，定能引起儿童的兴趣。彩色椅，色彩靓丽，逗人喜爱。中国京剧脸谱色彩浓郁，对比强烈，不仅引人注目，而且成为程式后，又起到象征性的作用。

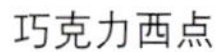
巧克力西点

铁皮玩具

德国　阿莫尔设计的扶手椅

中国京剧脸谱

淡雅、和谐的色调使人平和、宁静、安定，故盛夏用品和卫生设备、医疗用具等宜用冷色调；为适应年轻人心理状态的物品应用浅色调，如德国的“青春色果篮”和“碧浪”广告的色调淡雅、靓丽、和谐，给人以柔和、纯洁的亲切感。

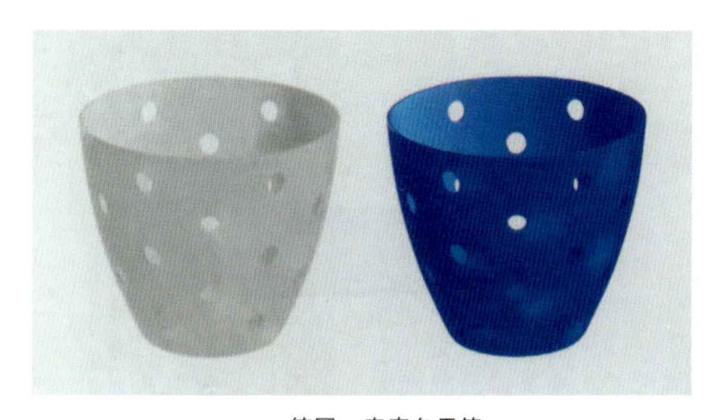

德国　青春色果篮

“碧浪”的浅色调设计

电视机、收录机、音响设备等多用深色调，因为深色调表示庄重、稳定而又高雅的情趣，而且能产生降低对视觉和听觉干扰的心理因素。

影视一体机

可转向的影视机

色彩之于设计具有识别作用和导向作用。当色彩用于表达某种理念和特定的含义时，一经确定，反复使用，并经约定俗成，在人们头脑中形成固定观念，就能产生识别作用和导向作用。如医疗界的红十字标记、十字路口的交通指示标记，红底白字的可口可乐，和蓝底色有红白蓝飘带符号的百事可乐等，专用色彩在长时间的反复与人们的接触中，不仅有识别功能，而且会深深地加强人们的记忆。

色彩对于现代工业设计是一种十分重要的艺术语言。工业产品的色彩设计受材质、产品功能、加工工艺和环境特点等制约，因此不仅要追求色彩设计的美观、大方，还要考虑到与产品物质功能的统一，与环境的统一，与人机关系的协调，使产品色彩设计成为科技、艺术与人的心理感受的高度和谐统一。当代工业产品色彩设计的时代特征是追求单纯、明快的色调，同时充分利用新材料固有的色彩、光滑、平整的特点，或金属的

色泽效果，以体现整体大方、明朗、健康的时代感和现代工业物质文明的进步。

马克思曾说："色彩感觉在一般美感中，是最大众化的形式"（《马克思恩格斯全集》第13卷145页）。这是因为色彩普遍地存在于自然界和社会中，又广泛地和人们的视觉直接接触，并且能迅速引起反应，在广大公众中留下深刻的印记，强化人们对对象物的认知、记忆和联想，乃至见诸于行动的效果。

- 点、线、面是造型设计的基本要素。

点，具有大、小、方、圆、尖、扁等不同的形。点的有序排列可形成线的感觉。若将点扩大或集中可形成面。在一定面积内点的集结密度的高与低，可产生疏密不同的明暗调子。有意识地运用点的有序、有节奏的排列、重复和渐次变化的原理，结合光、色彩及工艺、材料等的效果，可取得三维空间的效果。大小不同的点的集散，形成某种渐变感，如以珍珠串联起来的项链和室内装饰灯。

由珍珠串联成线的项链

室内装饰灯形成的点的美

在产品造型设计中，可以根据点的这些特性对各种旋钮、键盘、开关进行合理的安排，同时也可以利用不同色彩的点进行美化，如折叠键盘。

折叠键盘

线在造型设计中是一切形体的基本单位，是各种形象的基础，线对于造型是最富有表现力的一种手段，不同的线具有不同的特性。

线的对比有长与短、粗与细、斜与正、曲与直、断与续等。把不同线条组合在同一产品中，能表现出造型形态的主次及情态的丰富性。

水平线是最基本的线，它能带来平静、沉着、安定、延伸之感；垂直线表现出强硬、坚实、有力、刚劲、挺拔的性格。

线条美的小圆桌

曲线、弧线由于相互之间在曲度和长度上都可不同，因而能够产生多种多样的变化，表示优美、柔和，或给人以运动感。如由多种线条组成的小圆桌，有一种变化的美。由线的粗细、转折构成的咖啡杯极富情态美感。由曲线构成的藤具，线条丰富、柔和而优美。

由线构成的咖啡杯

由线构成的藤具

流线则表现出流畅、速度，给人以利索、兴奋之感。如流线型交通工具，不仅在功能上起到减少阻力的作用，而且有流畅、洒脱的美感。流线型火车、汽车的设计就是如此。

上海磁悬浮列车

流线型汽车

折线形成的角，给人以升、降与前进等方向感。

波状线被18世纪的英国画家和艺术理论家贺加斯认为是比其他任何线都更能够创造美，因为它由两种对立的曲线组成，变化更多、更复杂，因此被称为“美的线条”。

面是指由线移动所生成的形迹，如平面、曲面。它包括正方形、长方形、三角形，圆、椭圆平面，几何曲面、自由曲面等等。如果形成面的线长短比例适当，就能使人感到悦目，如通常所说的"黄金分割"的长方形，在建筑物的门窗、家具中的桌、凳以及许许多多日用品中，都是应用得最普遍的。

由面形成形体，不同形体的有机组合，就能形成和塑造出多种多样的形态。"形态"不仅指物体外形，还包括物体的结构，它是一切要素的综合体，是设计的重要视觉元素。

形态分为具象形态和抽象形态。抽象形态往往是由各种几何体组合构成的。几何体有的稳定感较强，也有的动感较强，如球体、圆锥体、棱柱体等。一般说稳定感较强的几何体适合于作造型的基础，但稳定性强也意味着单调、呆板。我们要求的是统一中又要有变化，这样才能使形象呈现出高低参差、动静有序、变化多样的美。在不同形体的组合中，要使那些有差异性的形体尽可能与整体形态配合一致，保持外观形态美的完整性。

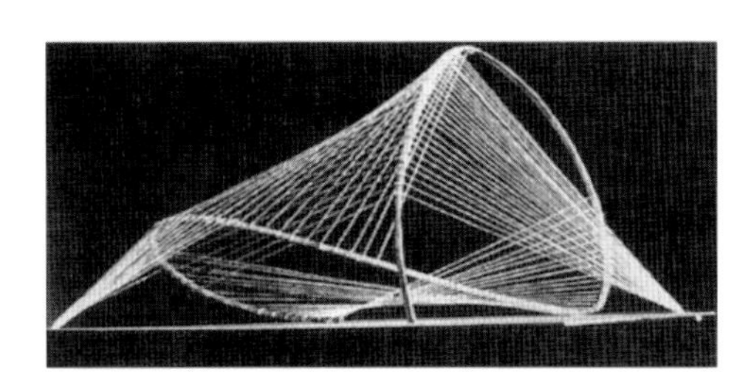

线排列交织成的虚空间

由线材构成的椅子

产品外观美的形象特征，首先是由那些充分地表现了内容与功能的外部具体形状体现的，即主要是体现在造型设计上。而形式美因素中的点、线、面是造型设计的基本要素。

2．形式美规律及其在设计中的运用

人对具有美的因素的具体事物的把握，从中给予抽象、概括、提炼，并按一定的规律组合起来，形成一种既抽象又具体，并有相对独立存在意义的、规律性的东西，被称之为形式美规律，或形式美法则。诸如整齐一致、对称均衡、对比调和、比例、重复节奏、多样统一等。这些规律既经形成，便又反过来指导人们的审美实践，提高人们对美的欣赏能力，帮助人们自觉地按美的规律进行创造。

这些规律在产品设计中的运用：

● 整齐一致能给予人秩序感、条理感与节奏感。

如"奥迪"四个圆环整齐的排列，给人以和谐的美感。"金属丝框架高背椅"线条整齐，具有大方、匀称的节奏美。

奥迪

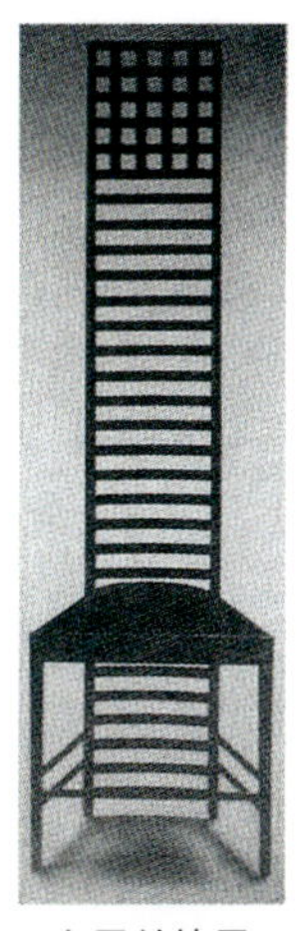
金属丝椅子

● 对称与均衡。对称的运用，可以给人平衡、沉稳、庄重、严肃的感觉。如“香港小姐冠军后冠”，线条对称而均匀，又是在渐变中完成，给人以美的欣赏；新潮椅子的设计是明显的对称形式，而“保温壶”、“单人翘翘板”的设计，都体现了力的均衡。

香港小姐冠军后冠

对称构成的椅子

保温壶

单人翘翘板

● 对比和调和。强烈的对比给人带来鲜明、醒目、跳跃、活泼的感受。如鸡尾酒“蓝色之夏”和家具“红与白”，都是利用不同色彩作出强烈而鲜明对比的效果。在造型设计中，用不同体量的对比，可使大小部分相互衬托，突出重点，增强形体的变化感及空间感。

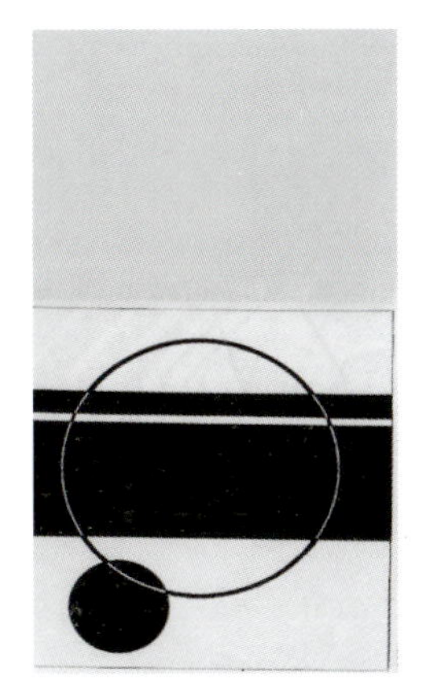
对比构成

鸡尾酒

家具　红与白的对比

调和能给人以融洽、适宜、和谐的美感。如保温瓶色彩的设计，淡粉红和白色的间隔，非常谐调，令人喜爱。而公园座椅，椅子本身的色彩和公园树木花草等融为一体，体现了一种和谐之美。

保温瓶

公园座椅

● 尺度比例是任何美的造型设计都必须遵循的一条规律，如著名的黄金分割率与黄金矩形的比例，都能给人以协调、和谐的美感。

● 节奏是有秩序的连续，有规律的反复的律动形式，它最主要的特征是形式诸成分之间的间隔与重复。而韵律，则是指在节奏的基础上，抑扬更深层次的内容和形式的有规律的变化统一，以及物的层次的渐变、递进。

著名的HP亨宁森灯，用大小不等的金属反光片以一定组合形式构成。由于栉比鳞次的排列方式及层次变化，使灯具呈现强烈的节奏感和韵律感。

“音乐海报”的设计，无论是线条的多样变化，还是色彩的丰富多变，其韵律美使人产生对音乐的联翩浮想。又如餐厅的顶部圆形装饰和螺旋形楼梯等，无不呈现了美的韵律。

HP 亨宁森灯

有韵律感的音乐海报

餐厅顶部的圆形装饰

螺旋形楼梯

节奏、韵律在造型设计中，是通过线条的流动、光影的明暗、色彩的深浅、形体的高低等因素，作有规律的反复和连续的要素在层次间按一定顺序发生渐变的方式而形成的美感。如对仪器面板上的元件进行等距离分割处理，使之既有整齐的节奏感，又能产生连续韵律的美感。在产品造型设计中，巧妙地运用节奏和韵律这一形式美规律，不仅可以减少和掩盖由于原材料或部件带来的某些缺陷，而且能在视觉上引起愉快的、美观的良好效果。

● 多样统一就是寓多于一，多统于一，是形式美法则完美和谐的高级形式，它体现了自然界的对立统一规律。在产品设计中，特别是系列产品，由于多功能和内部结构的复杂性，决定了外观造型的多样性和差异性。多样统一法则是既要使所有部分在形状、比例、色彩、质感和细部处理上，都能互相协调，又要明确主从关系的统一与变化，对重点部分予以突出，使辅助的从属部分处于次要的地位，如巨人手电筒、加里系列椅、匹兹堡儿童博物馆标志等的设计就是如此。

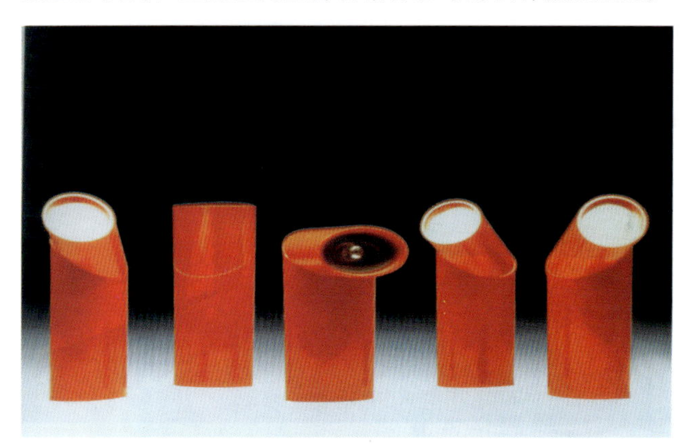

巨人独眼手电筒

匹兹堡儿童博物馆标志

加里系列椅

（四）形式美在产品设计中的位置

如果说以影响人的精神世界为主的文学艺术作品，在内容与形式的关系上是以内容为主，形式服从内容，这是正确的，因为文学艺术直接反映生活，具有娱乐人、教育人、陶冶人情性的作用。而对服务于生产、生活的产品设计，虽然我们不能把形式美作为产品设计的惟一目标，但形式美在产品设计中确实有举足轻重的作用，这是因为人们对物的审美往往是从直觉开始的，即往往将产品的物质功能先搁置一旁，而从物的外在形式的观察中体验到一种特殊的感情，这就是审美感。由此可知物的外形给人感官的第一印象非常重要，在获得顾客兴趣后，然后“由外而内”，考虑产品的整体效果，因此外观美设计往往左右着人们的购买行为。

当前是市场经济社会，人们的消费行为越来越带有鲜明的个性特征与价值取向，产品除自身的价值之外如带有特殊的、个性化的“符码”，将会受到宠爱。好的外形等于好的广告，从这一意义上看，产品的外观美已成为拉动“眼球经济”、“吸引力经济”的杠杆。由于产品设计和人们的日常生活与国计民生有直接关系，因此形式美在产品设计中有着特殊重要的位置。

内容与形式的关系有其普遍的规律，但在产品设计中它是以特殊的形式出现的，其特点表现为：

1．形式美服从功能，形式美表现功能

产品的功能主要表现为物与人的关系。一件日常生活用品或一台机器、一座建筑物，它们所以被生产、被制作，都是以满足人们的物质需要为前提，如果失去这一前提，也就失去了它们生产和生存的价值。但在重视物质功能的同时，又决不能忽视了物的外形美，因为外形美是人们直观的第一焦点。如交通工具中的舰船、快艇、轿车、磁悬浮列车、航天飞机等，无论是水上的、陆上的、空中的，设计首先要服从其安全性、舒适性、高速度以及空间容纳量等，设计的精确度、科学性是丝毫不能忽视的，因此，造型的美观、线条的流畅、色彩的靓丽等外形美的设计，又必须服从产品的特定结构、功能等的要求，如果违反这一原则，其结果将适得其反。巧者则能利用形式美来表现功能，如建筑上外翘的屋檐，不仅给人以弧线变化的美感，而且起到使雨水往外抛洒的作用。流线型的交通工具，不仅给人以视觉上的美感，而且能减少阻力提高速度。

2．形式美的超越性

设计是一切人为事物和文明活动的本质因素所在，是人们改造自然和社会的构思及运用科学技术的必然结果。设计有它自身的规律特征，但在设计的功能与审美的关系中，在特定情况下，有些产品的设计往往会超越普遍的规律，让形式美发挥一定的自由度。

形式美的超越性在当代的设计中主要是和高科技密切相关。现代产品设计创新的自由意识来自于微芯片、集成电路以及新型材料，由于产品的内部构成向精、尖、新发展，结构由繁而简，由大而小，使产品形态和形式越来越趋向小型化、薄型化，从三维变成二维甚至缩减到像卡纸那么厚薄。这样，先前受功能主义支配的外形设计，就能从束缚中被解放出来，而设计者也因此有了更多的自由度和创新意识的发挥。这一情况说明在高科技迅速发展的浪潮中，形式美的超越性行为将成为一种趋势。如韩国三星超薄型显示器、笔记本电脑、卡西欧EX—S500卡片CD等。

韩国　三星超薄型显示器

笔记本电脑

LGL1720P 液晶显示器

卡西欧 EX-S500 卡片 DC

第二单元　产品设计

一、产品设计的理念

（一）设计与产品设计

设计是一个总的框架，它涵盖所有设计的一切方面。而从设计的横剖面看，可分为体制设计、工程设计、实用艺术设计等。在实用艺术设计中又分为视觉传达设计、产品设计、环艺设计、建筑设计、园林设计等。其中，产品设计虽只是整个设计的一个组成部分，但它和人民的生活、生产的关系密切，既包括衣、食、住、行、用各个方面，也包括了机械化大工业生产的产品设计；既包括以实用功能为主的商品设计，也包括半机械化以及传统手工艺技术在内的产品设计。它是达成最合目的的实用性，又具有美感的造型化的设计，它具有明确的目的性，即产品设计的出发点和最终目的都是为了人。产品设计的这一理念和目的，也就决定了产品设计的特征。

（二）产品设计的特征

产品设计的特征之一，是具体性、明确性、针对性和目的性。产品设计主要设计的是物，用物的对象是人，这一理念决定了产品设计的出发点和最终目的都是为了人。同时也决定了设计的这个物对人们不仅是有用的，而且必须是有益的。

特征之二，产品设计是科技和艺术的结合，是实用功能和审美功能的统一。实用功能指设计物能使使用者直接产生在生理上有用的功能，这是设计的第一原动力。审美功能则是指使用者与美的设计物相接触，并经由人们各自的审美经验而获得的美的感受。也即设计者在利用材料，运用科技知识，通过结构、加工技术和艺术处理，制作出对使用者有实用功能和审美功能的产品。所以，产品设计既不是仅对产品实用功能的研究，也不是只顾产品外观美的设计，而是要求两者的融合。

产品设计是对产品的功能、材料、构造、工艺、色彩、表面处理、装饰等诸因素，从社会的、经济的、技术的角度作综合处理，是科学、艺术、经济、社会有机统一的创造性活动。所以在设计的实践过程中，对具体情况要作具体处理，如以陈列、观赏为主的工艺品，以及针对当代白领阶层等所要求的个性化设计，在重视使用功能的同时，要多强调一些艺术性。

二、产品设计的分类

设计是一种文化，而文化是物质的反映，所以设计文化也是和一定的生产方式、生产手段紧密联系在一起的，它根据生产力不同发展时期而经历了从简单、粗糙到成熟，从手工生产到机械化生产的不同阶段，这也体现在设计的分类上。设计基本上可分为手工业加工的手工艺设计及现代大机械生产的工业产品两大类：

（一）手工艺设计

1．手工艺设计的涵义及其特征

手工艺设计是“工”与“艺”的结合，它与工业设计的区别主要在于生产手段和生产方式的不同，并且有明确的时代阶段为分界线。手工艺设计主要指工业革命之前，以手工操作对原材料进行加工制作的设计方式，当然也包括当代一部分不适合于机器生产的产品和一些适合于特殊人群需要的个性化产品。早期的手工艺产品所用材料多为天然材料，如土、石、木材等，加工工具相当简单。由于手工艺技术往往是代代相传，而且多采用制作者个体劳动，使手工艺生产的产品具有传统化、多样化，亲切、自然的人情味和个性化的特征。但由于沿袭传统经验及地域和审美情趣的局限性，使其产生封闭性、保守性及分散的小批量生产的落后性，产品只能停留在较低层次和较窄的范围内。

作为“技术和艺术统一”的产品设计，在为解决生存和生活的年代，总是以功能为主，功能先于审美，其审美的观念尚处于朦胧的、潜意识状态，尽管如此，人们对美的追求，也已明显地体现在各个历史时期和不同地域的产品中。

2. 手工艺设计的实用品和工艺品

(1) 手工艺设计的实用品

早在距今约五六千年前的新石器时期后期产生了著名的彩陶文化。如鱼面纹盆，卷唇圆底，盆内装饰以鱼纹。马家窑文化的舞蹈纹彩陶盆，卷唇平底，内壁上下有两组舞蹈人的纹饰，如果盆里盛水后，人们能看到水中反映着舞蹈人的倒影，这种匠心独具的设计，令现代人为之赞叹不已。盆的装饰和造型都很美，特别是盆的造型为以后盆形的设计打下了良好的基础，现代的盆形可说是那时盆形的延续和发展。

鱼面纹盆

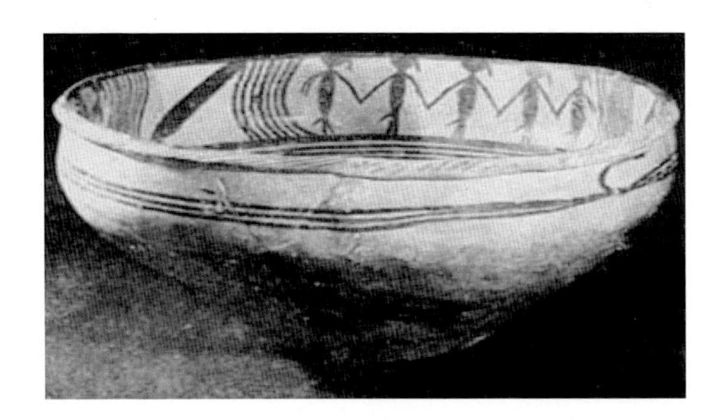

舞蹈纹盆

彩陶中的菱形纹罐和螺旋纹罐，不仅造型美观，其菱形纹装饰纹样美丽而规律，而螺旋纹有强烈的动感。

螺旋纹罐

菱形纹罐

新石器时代晚期的仿生形器皿白陶鬶，高颈、袋足，口前呈鸟喙状，有冲天长流，背部有索形把手，并有乳钉形纹样，宛如一只昂首挺胸的大鸟。而红陶兽形鬶，呈猪形，张口拱鼻，两耳耸立，很是生动。

白陶鬶

红陶兽形壶

明代家具以造型见长，选材以硬木为主，硬木本身色泽沉稳、纹理清晰，材质感强，呈现了自然美的特质。其制作工艺严格精细，结构科学合理，造型简练质朴，线条雄劲流畅，做到方中有圆，平整光洁。家具的长、宽、高基本附合人体曲线，整体与局部、局部与局部的比例适宜，符合了形式美规律的要求，如明椅的设计制作就是如此。

明椅

闻名中外的江苏宜兴紫砂产品，是中国富有特色的传统产品，它既是为人民大众喜爱的日用物，又是极富于收藏价值的工艺品，素以制作技艺精湛，造型丰富多彩，色泽古雅、纯朴著称。紫砂陶的设计、制作，采用当地特有的含铁量很高的紫砂陶土，经捶打使黏，做成泥片镶接，手工成型，以堆、雕、捏、塑和镶嵌金银丝等装饰，达到美的境界。

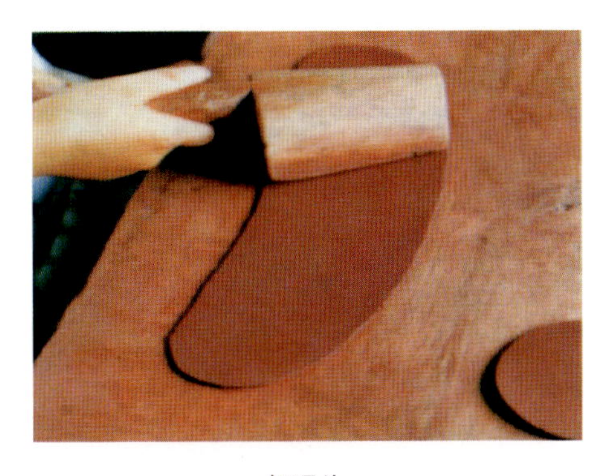

打泥片

打身筒

装壶嘴、壶把

镶身筒

紫砂壶的款式繁多，有几何形的方、圆、椭圆、锥形等，也有仿植物花朵、果实为造型的，如提壁茶具、南瓜提梁壶、提梁壶、上新桥壶等。

提壁茶具

南瓜提梁壶

提梁壶

上新桥壶

（2）手工艺设计的工艺品

从古到今，手工艺设计中的工艺品品种繁多，材料各异，款式不同，丰富多彩。如中国历史上灿烂的青铜时期的青铜酒器四羊方尊、莲鹤壶等，采用圆雕和高浮雕装饰手法，把平面图像和立体雕塑结合在一起，造型雄奇，雕镂精工，异常生动。

四羊方尊

莲鹤壶

汉代的铜奔马，三足腾空，勇猛飞腾，造型简练、形象生动，给人以强烈动感之美。

汉代陶俑中的说唱俑，造型简练，风格浑厚，塑造者能抓住说唱艺人最生动的瞬间，以展示其形神最美的状态。

汉铜奔马

汉说唱俑

唐宋时期的瓷器，其艺术性已高度发展，色彩丰富而绚丽，装饰手法多样，技艺精巧。如宋磁州窑牡丹纹瓷瓶和白釉黑花瓷瓶。

景德镇从元代至今，一直是全国的制瓷中心，其青花和釉里红产品色彩缤纷，鲜艳夺目。

宋牡丹纹瓷瓶

宋白釉黑花瓷瓶

景德镇瓷瓶

中国古代的这些造物设计，无论是实用品或是工艺品，在设计过程中，其于实用功能与形式美的关系，虽然还不能提高到理论上来认识，但在生产力不断发展、分工逐细、审美体验日益提高的情况下，设计美必然随着历史的发展而有了长足的进步，并为以后的设计奠定了基础。

我国的工艺美术分布面广，花色品种繁多，有陶瓷、雕塑、编织、金属工艺及玩具等。又由于地区、民族传统、风土人情、材料的不同，呈现出不同的风格。

牙雕和玉石雕刻是一种专供玩赏的高级工艺品，材料稀少。由于艺人们的匠心独具和工艺加工的精雕细刻，雕刻成了很多精品，有不少成为难得的国宝。如“天女散花”、象牙球、粉盒等。

天女散花

象牙球

粉盒

石雕以福建省的寿山石雕最具代表性，利用当地的特产寿山石，加上精湛的技术，雕刻成的鸡笼，花座等，形象逼真，栩栩如生。

寿山石雕　鸡

寿山石雕　花

工艺品在民间还有很多充满乡土味和生活气息的作品，如泥塑就是劳动人民的创作。江南无锡的泥塑是当地农民农闲时的副产品，取材于当地有黏性的泥土，用手工捏塑而成，加工简便，色彩鲜艳，其制作方法有口诀为证："搭搭满，色色爆"，"搭搭满"在一个"满"字，不仅指构图的整体完整，并且体现了劳动人民追求万事圆满的传统审美情趣。而"色色爆"，"爆"指色彩的鲜艳、富丽、跳动，多用劳动人民喜欢的大红大绿和黄色，鲜艳而对比强烈，色彩效果非常突出，代表作品有手捧鲤鱼或麒麟的大阿福。当代作品《我爱北京天安门》运用传统工艺，但在题材上有了开拓和创新。

无锡大阿福

我爱北京天安门

木雕，取材于大自然最普遍存在的木材，用于雕刻的木料，一般多为质地细腻、硬度强的材料，如黄杨木、红木和各种檀木。当代雕塑大师屠杰就是擅用千年古檀木，雕刻成灵光闪耀的各种精品。《济困之公》造型生动，刻画细腻，服饰上的线条和衣褶都非常有质感。特别是历经十载春秋，于2005年完成的孔子像，用紫檀古木雕成，高达2.1米，眼透智慧，浑然飘逸，大儒大雅的风度再现人间。

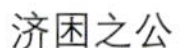

济困之公

孔子

民间的一些木雕玩具，如《西游记》、棒棒人等，整体造型诙谐、活泼可爱。

木玩具西游记

棒棒人

各地的布绒玩具，所采用的材料、款式和造型各不相同，真是千姿百态，琳琅满目，甚是可爱，如布老虎、童鞋等。

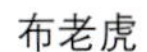

布老虎

布童鞋

民间的手工艺品，多就地取材，有些地方采用麦秸、竹篾、柳条等，编织成各种既精巧、漂亮又实用的编织物，如福建竹编提篮、花篮，浙江的竹篮，广东草编等。

福建竹编提篮

福建竹编花篮

广东草编

浙江竹篮

3．手工加工的特色产品

有些产品不适于机械化生产，如玻璃器皿。玻璃原材料是以石英为主要成分，再加入适量的其他金属成分经高温熔化而成的金属氧化物，能制成各种产品。日常生活用品的玻璃器皿，大多是以人工吹制而成，其表面处理，也往往是在手工操作下完成的。

尚有一些主要是某些特殊人群需要的个性化产品，其设计、制作的完成过程，也仍需依赖于手工艺设计制作。

（二）工业设计

1．工业设计及其定义

工业设计也称现代设计，它是工业革命的产物，是第二次大分工以后出现的新词汇。

工业设计一词是由英文 Industrial　Design 翻译而来，简称 ID，它是在国际工业、科技、艺术和经济发展的前提下产生的新兴学科。1980 年，国际工业协会联合会（ICSID）在巴黎第 11 次年会上下的定义是："批量生产的工业产品，凭借训练、技术知识、经验及视觉感受而赋予材料、结构、构造、形态、表面加工以及装饰以新的品质和规格，叫作工业设计。" 又指出 "根据当时的具体情况，工业设计师应在上述工业产品全部侧面或其中几个侧面进行工作，而且当需要工业设计师对包装、宣传、展示、市场开发等问题付出自己的技术知识和经验及视觉评价能力时，这也属于工业设计范畴。" 这一定义较全面地说明了工业设计的本质特征，也体现了它的内涵与外延性，在理解上有它的弹性和伸缩性。

广义的工业设计包含了现代工业社会中涉及的所有内容。我们通常理解的是狭义的工业设计，指现代工业产品的设计，它涉及到人们的衣、食、住、行、用等生活和生产的各个方面。因此，工业设计具有多学科相互交融渗透的特点，与工程技术、人机工学、美学、心理学、市场学等都有密切的关系。

2. 工业设计的目的

工业设计的目的是为人，为人的需要服务，是运用科学技术并通过艺术设计，创造出为人们生活、工作所需要的理想的物，使人有合理、更完美的生活方式、生存空间与工作环境。为此，工业设计需研究人与物的对应关系，即研究人的生理、心理特点，材料、构成、工艺、技术、价值分析、环境保护等方面的问题,从产品和人、和环境关系诸因素以及流通方式等方面进行分析、研究。

3. 工业设计的特征

工业设计是为大工业生产的产品进行设计，因此其特征为：

（1）工业设计以机械化、批量化、标准化生产为其实现方式，与设计目的相连，以最优化的设计策划，为人类创造更合理的生存方式和改善生产劳动的环境。

（2）工业设计的工具性。工业设计的对象是物，无论是哪个种类的物，从本质上讲都是人类的工具，都是人们肢体、器官的延伸。而作为人使用的工具，要体现出“工具的人化”特征，即体现出人的生存方式和行为方式，以及人的物质功能需求和精神审美需求，只有这样，才能使工具成为人的一个组成部分。也只有在这样的指导思想下，才能使工业设计的产品都成为人的生活和生产的一个和谐而密切的组成部分，使工业设计成为人的生命外化的设计。

（3）工业设计是科学性、实用性和艺术性的完善与结合，所以它具有物质功能和审美功能双重性。如汽车设计，在设计进程中有过两种不同的认知：一种从工程学的角度认为设计应偏重于工程和技术；另一种则从审美角度认为汽车设计应偏重于外形美。事实上汽车设计既离不开工程，也离不开美的设计，因为人们对汽车既有动力、速度和安全的要求，也有舒适、外形美的要求。

(4) 工业设计的整体性特征，表现在这一设计活动是有目的的从调查使用要求和市场信息入手，了解资源供应、生产方式和手段、技术水平，从产品开发计划和构思设计方案及至产品销毁后对生态平衡、环境保护影响的全过程都受控于设计，缺一环节都可能导致设计的失败。可以说工业设计就是产品开发的周密计划与审慎的实施。

(5) 工业设计应在不影响使用者和生产者的情况下，争取以最低的成本创造最高的附加价值。

(6) 工业设计的产品具有很好的功能和简朴的外型美。功能化、理性化、简洁、明快的美为其风格特征，使之成为现代社会设计的主流。

4. 工业设计的领域

(1) 日常用品包括家用电器、家用机器、炊饮器具、家具、照明设备、卫生洁具、旅行用品、玩具等。

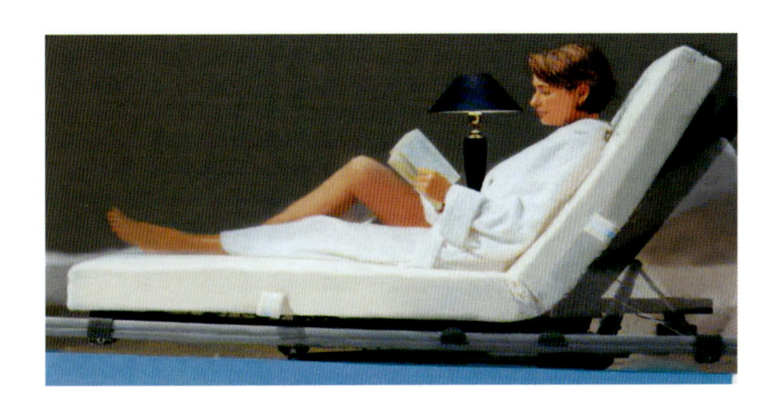

德国　电动保健床

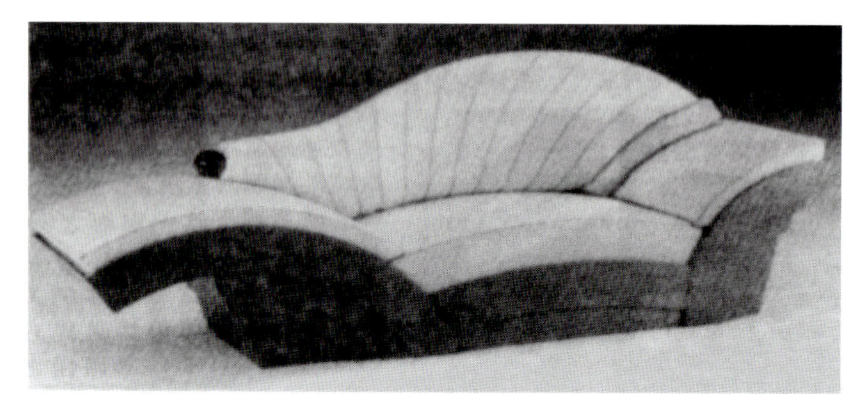

前卫性沙发

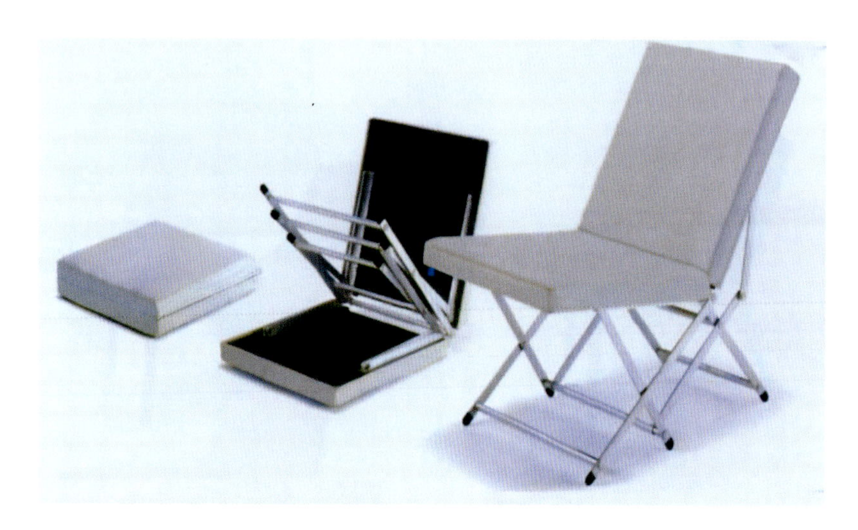

折叠椅

灯具

美国　缝纫机系列

（2）商业、服务业用品类——计量器具、自动售货机、电话机、通话亭、打字机、办公用具、医疗器械、电梯、传递设备、标志等。

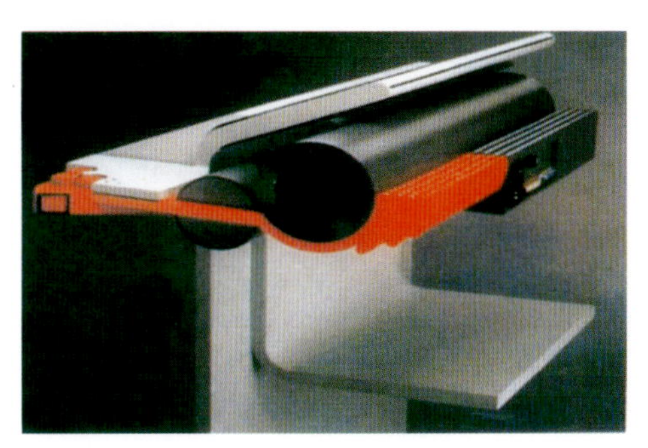

美国　办公室印刷机

国外的悬挂式写字台

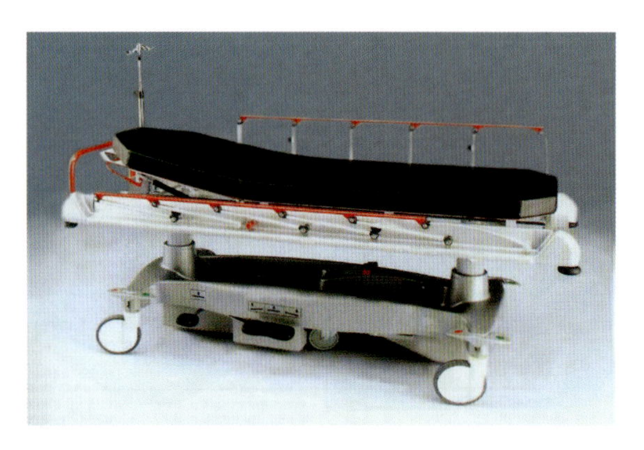

病人运送车

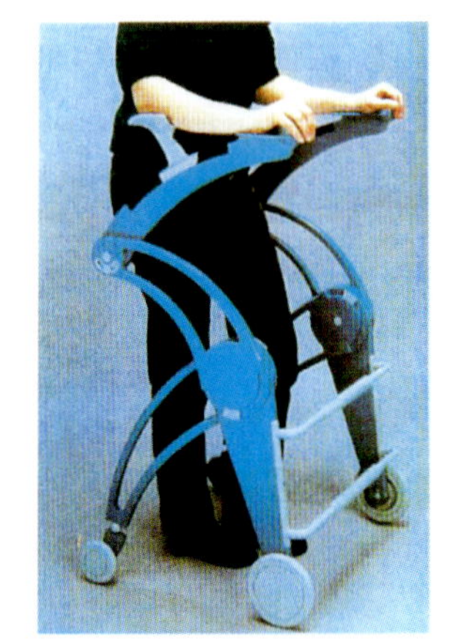

残疾人助步器

小推车

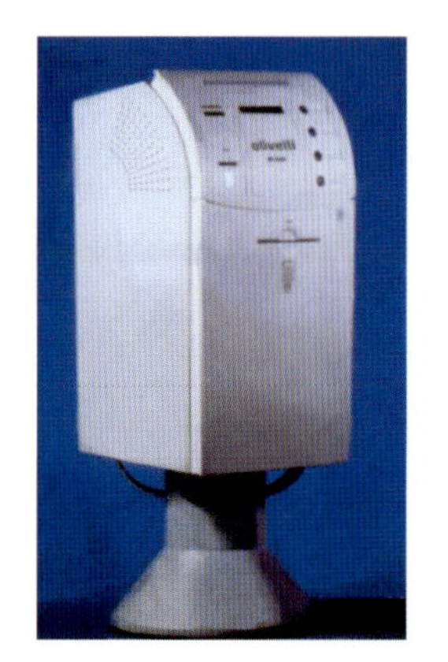

德国　邮箱

（3）工业机械及设备类如机床、农用机械、通信设备、仪器仪表、计算机设备、传递系统、起重机设备等。

四轴控制龙门式加工中心

CNC 车削中心

德国　防爆叉车

小型卧式加工中心

数控式车削中心

（4）交通运输类及其附属设施，如各种车辆、水上运输船只、飞机、航天器和道路照明设施等。

德国　保时捷汽车

德国　阿波罗现身汽车

概念消防车

英国　四人自行车

隐形飞机

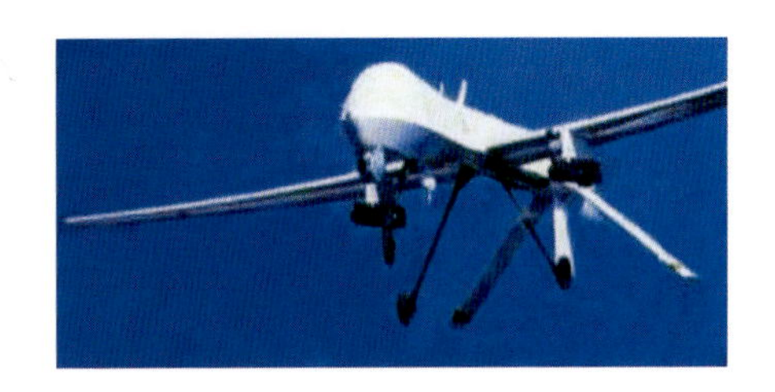

无人驾驶飞机

蓝宝石公主号邮轮

(5) 家用电器类

香港　太阳帽上的半导体收音机

德国　带烤箱的电炉灶

日本　三开门豪华冰箱

日本　圆形冰箱

(6) 高科技类

德国的太阳能房屋

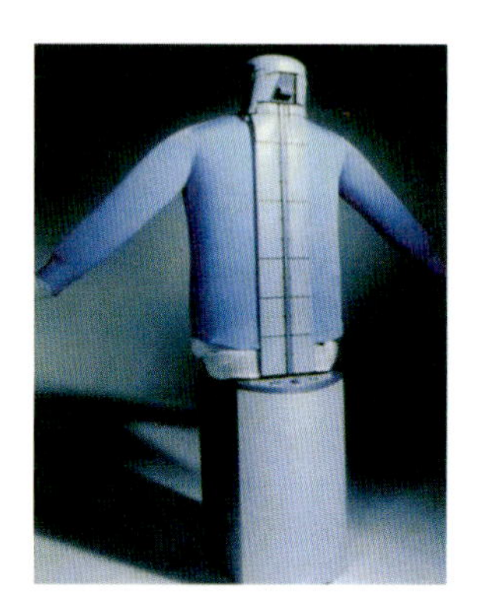

熨衣机器人

德国　可批量生产的燃料驱动装置

德国　近海岸风能场

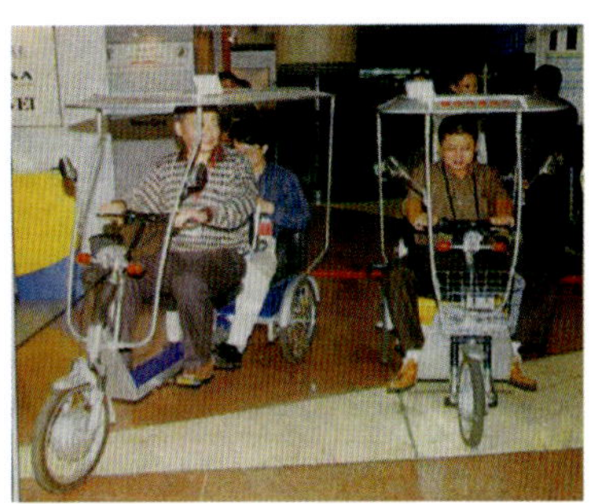

太阳能电动车

索尼机器狗

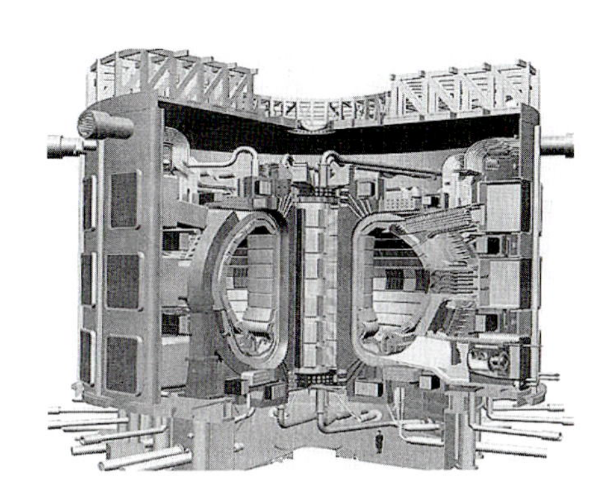

中国未来的人造太阳

课题作业：设计一日常生活用品

作业要求：

1．市场调查：了解市场需求；和同类产品从质量、功能、结构、外观美等方面作出比较，然后作出自己设计的方向。

2．寻求自己产品独特的切入点，品名要鲜明；标志要新颖、独特。

3．如何处理好功能与外观美的关系？本产品的外观美设计的指导思想是怎样的？

4．制定产品价位，预测产品市场前景。

第三单元　工业设计关联着美

工业设计的产品既是为人所用，除实用功能外，还需要审美功能，是两者的统一，我们反对华而不实的产品，同样也反对虽实用却粗糙简陋的产品，特别是当前市场经济社会和跨国经济迅速发展的年代，激烈的竞争要求产品设计的外观美能反映现代生活，反映现代人们对美的需求，并引起他们的共鸣，要使审美价值成为促进经济发展的动力。"国外权威人士测算，工业品的外观设计花费1美元，可带来1500美元的利润，所以，国外企业把新的设计同新的技术一起视为最高商业机密"(《国外轻工产品外观设计精选》编委会的话，黑龙江人民出版社1990年10月)。可见，当今这个信息的时代、竞争的时代，工业产品外观美的设计是个非常重要的问题。

一、工业产品设计与美的关联

（一）功能美

设计是为了提高人们的生活品位，也就是说设计者以自己的智慧和创意，按照美的规律将第一自然改造为第二自然的过程中，所创造的物必须是合乎目的性与功能美。合目的性体现的是创造物的质量和有用性；而功能美提出了实用性与视觉形式之间在生理上和心理上的有机联系，即根据不同产品的不同功能和不同层次的要求，经过设计制作出的物，质量优等，使人在使用功能上获得了对物的功能美的满足。

如对建筑物的评价，艺术家们把建筑看作是艺术品，评价的标准往往从外形美来衡量。但建筑是人们生活所需，它的体积、布局、比例关系、空间安排、内部结构以及材料的选用等，必须符合人们生活和工作的需要。因为建筑作为一种文化，它既是艺术，但它更是土木工程，它的最终目的是为人们生活所用。

又如飞机、汽车等交通工具，要讲究外观美，但更重要的是功能第一。交通工具的优良品质包括速度、稳定性、安全性、舒适性乃至操纵性能、耗油量等，都属于产品功能美的表现，而它们的外形结构与色彩等都要服从其功能。如飞机座舱的空间活动余地较大，德国空中客车座椅则柔软、宽敞、舒适等。

飞机内部设施

德国空中客车客舱座椅

实用物品涉及人们的衣、食、住、行、用各个方面，是人们生活中触目可见、得手可用的。例如家具设计，创新与变化颇为频繁，但无论怎样创新，总不能离开它的用途。功能美主要体现在实用、方便、舒适上，桌椅等的设计，要符合人体功能学，如功能美躺椅、西门子牙科椅以及折叠椅、折叠躺椅、摇椅、两面座椅、纯粹派椅、公共场所长凳等，多是既有实用功能，又非常美观。而多功能饭盒、家用灭火器、小推车、折叠烤肉炉、箱包等，除实用、美观外，还体现了设计的创新意识。家电中的冰箱，其冷冻格和冷藏格的容量比例，要符合实用冷冻柜的要求。

功能美躺椅

西门子牙科椅

躺　椅

公共场所两面长座椅

折叠躺椅

摇椅

纯粹派椅

公共场所长凳

儿童用多功能饭盒
多功能饭盒考虑到了儿童上学时，便餐、饮水等多方面的需求

多功能饭盒

小推车

家用灭火器

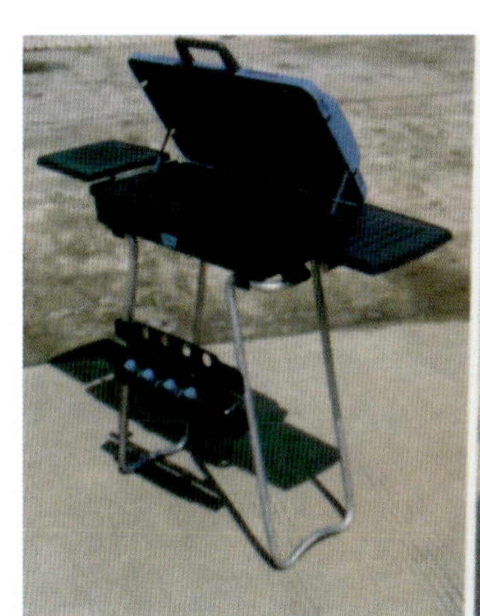

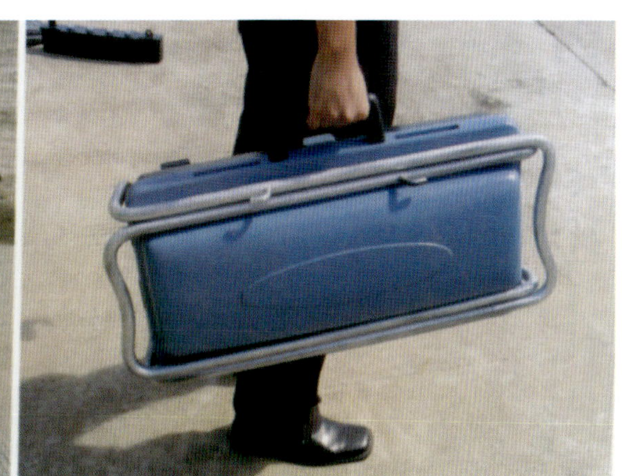

折叠烤肉炉

箱包

冷冻陈列柜

设计的功能美，着眼于实用，要求功能的多样化、方便化、产品的配套化，充分利用材料和现代科学技术，设计出符合当前人民群众的生活水平和现代生活快速节奏所需要的物品。

作为满足人们的物质需要，功能美是产品的最基本、最普通的属性，是人们审美的物质基础，也是产品设计的核心。

（二）规范美

每一种工业产品总是在多个专业配合下完成的，而且由于现代化的生产方式产生了设计的规范和程序，规定了设计的型谱和系列，所以现代大工业产品的部件设计必须符合“三化”要求，即标准化、系列化、通用化这一程序。按“三化”生产出来的零部件，即使是螺钉、螺帽都具有整齐划一的美观轮廓，与齿轮、链条相配合，产生规范而有序的美感。用钢材设计、制作的旋梯，其不锈钢组件是由激光切割，并由特殊的圆片和凸起的螺帽、螺丝组装而成。楼梯的起始部分可互换，可根据不同情况进行相应调整，安装成旋转式、直跑式或混合式楼梯，既有整齐、有序的美，又富于动感的韵律美。又如由荷兰赫里特·里特韦尔设计的“红黄蓝”椅，不仅色彩鲜艳，其造型结构不加掩饰，而且构件标准化，成为工业设计里程碑的作品。

（三）材质美和肌理美

材质美主要体现在材质和产品功能与设计的高度协调上。

不同历史时期的产品设计，多是充分利用当时、当地现有材料的特性，以及开发新型材料。如石器时代、铁器时代直到工业革命之前多采用土、砖、石、木材等；工业革命之后机械化、批量化生产的年代，多采用钢铁和玻璃；第二次世界大战后到当代的设计，逐步过渡到铝材、塑料和复合材料。材料质地不同，会使人产生不同的心理感受。

荷兰风格派红黄蓝椅

折叠小圆桌

塑料的重量轻、光泽度强、色彩鲜艳丰富，其表面肌理细腻而且颇具表现力。它的柔性、富有弹性以及可塑性强，便于设计出具有个性的、漂亮的各种生活用品和工业品及其配件。如电饭煲、笔插、化妆品瓶、电吹风机、食品切削机等。然而塑料也有不足之处，特别是在报废后无法化解，造成环境的严重污染，这一问题是必须予以解决的。尽管如此，塑料作为一种新材料，经过设计、加工生产而制成的各种产品走进了千家万户。

电饭煲

笔插

化妆品瓶

电吹风机

食品切削机

钢材中的优质钢，尤其是不锈钢，是一种坚固而质轻的材料，富有韧性和弹性，极富表现力的潜质，可以任意弯曲、剪切、焊接，实现美的曲线和做成各种形态，是最能表达简洁和极简派美感的一种材料。如不锈钢垃圾桶和爱心碗，造型简洁，碗的外层涂以美丽的色彩，加上材质的光泽度，获得了众人的赞美。镍钢咖啡壶，造型独特，光泽度极强，体现了钢的材质美的魅力。德国现代钢管椅，由钢管弯曲而成，线条简洁，造型别致。

爱心碗

垃圾桶

镍钢咖啡壶

德国现代钢管椅

玻璃的原材料是以石英为主要成分，再加入适量的其他金属成分，经高温熔化而成的金属氧化物，能制成各种产品。用高质量玻璃制成的日用品，晶莹剔透能引起人种种遐想。如维也纳酒杯、“酒具打扮”、“烛光特具”和作为乐器的玻璃器皿等。

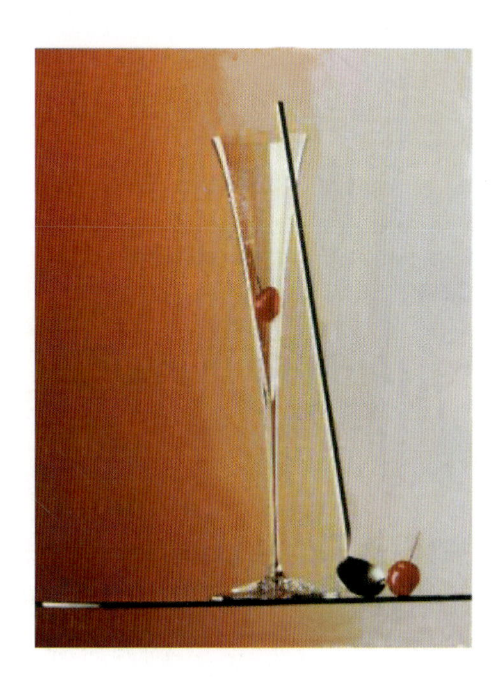

维也纳酒杯

维也纳酒杯

维也纳酒杯

酒具打扮

酒具打扮

烛光特具

可作乐器的玻璃器皿

材料的肌理美。所谓肌理美是因材料表面的纹理排列和组织构造不同而使人得到不同的视觉和触觉的质感，如光滑、色彩、润滑、坚实等。木材富有韧性，木纹清晰，色泽悦目；大理石纹理清晰，色泽古朴。又如以天然材料制作成的一些纺织品，其肌理质感也很强。其他一些天然的或复合材料，也同样具备自身的材质美和肌理感。设计中的立体构成表现肌理美，在于使造型形态表情丰富，形成不同的重量感、冷暖感，产生超越视觉范围的效果，体现了物体材质的自然美。如图"肌理构成"、"毛料肌理"等。

毛料肌理

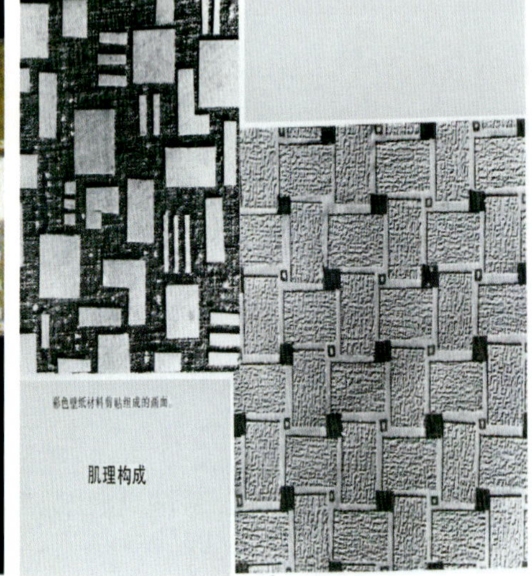

肌理构成

值得注意的是当代工业设计趋于返璞归真，重视物质材料本身所固有的视、触觉质地感和色彩美，表现本色美。因此，肌理美已一跃而成为与形态、色彩并列的现代工业设计的三大要素之一。

大工业机械化生产，可以说基本上拒绝装饰，因此，设计时精选原材料，利用自然、单纯、朴素大方的材质美，以反映时代精神的美感。

（四）结构美

产品结构是构成产品形态的一种重要因素，产品设计的完成，必须依赖于自身的结构。产品和建筑一样，其功能美和美观的外表都建立在结构合理的基础之上。如果设计师能按照工程部门的原理图，对各零部件之间的关系作出经济、合理的安排进行设计，创造出一种既合乎功能效应又是全新的物的形态，也就达到了发挥结构理性美的显著效果。在谈到产品结构时人们往往理解为是内部的构造，但有时产品的外形也是一种结构，不少可折叠的物品如折叠小圆桌、折叠小圆凳、折叠公共座椅、公园四人座椅、折叠自行车等都是如此。

折叠小圆桌

折叠小圆凳

折叠公共座椅

公园四人座椅

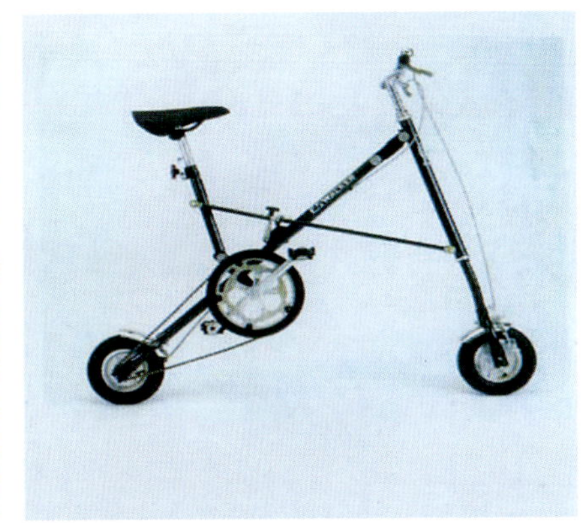

折叠自行车

结构又是和力学密切相联的，现代力学的新成就为工业设计提供了重要的科学依据。一件工业产品或一座建筑，其结构的力所显示出来的美，主要呈现在具体的物所接受力的形式原理本身。产品造型是由结构本身的力所决定的，尤其是大工业生产，基本排除对装饰的需要，使产品结构的力的构造原理成为美的本质而越发显现出来。美在产品本身的力学结构这一观点，已成为造型审美的重要标志。当前大型斜拉桥，很像竖琴的琴弦，给人以美的想像空间。而意大利维逊设计的玻璃桌子，由于桌子结构的创新设计，使其形态呈现出一种新型的结构美，从而被誉为"工程力学与美学完美结合"的代表。这些设计注重了力的表现，而力感总是通过形的向外扩张、线形的方向感、速度感等来实现的，使形态更显得生动有力。

由于力学新成就所提供的结构美，使现代工业产品呈现了或挺拔、俊美或稳定、庄重的阳刚之美，自然、大方的和谐之美，及坚实、整体、有气派的力度之美。

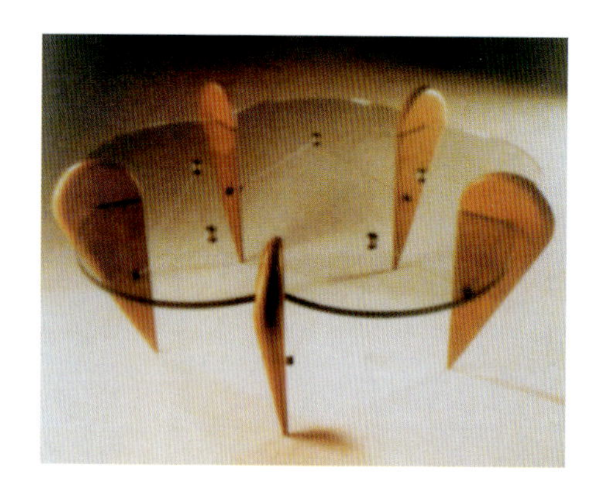

玻璃桌子——意大利维逊设计

悬索与斜拉相结合的润扬大桥

（五）造型美

产品是有形、有色且占领一定空间的实体，是由内部因素和外部因素两者的结合而成。而产品的内部因素如功能、品质、科技含量等，是通过外部因素如结构、形态、造型、色彩等体现的。就现代工业产品来说，由于生产手段、生产技术以及材料等的特殊性，不可能像手工操作时代那样精雕细琢，任意添减，任意装饰，其外形美的设计往往立足于新颖、独特的造型上。从这一意义上说，造型对于工业设计具有特别重要的意义。

以汽车而论，"人靠衣装马靠鞍"，汽车也有它的外貌——车身造型。已为公众认同的名车好车，首先它的造型设计就让人感到赏心悦目、有品位。汽车的代表作如福特超级豪华轿车，有气派、有风度。新款"甲壳虫"轿车和风豹人力车的设计，独特而富于新意。

福特超级豪华轿车

新款〞甲壳虫〞轿车

风豹人力车

产品造型是人们利用材料，通过结构、制造工艺，并以点、线、面、体、形等要素，设计、制作成人们物质生活和精神生活所需要的东西。如瓶的不同造型，就是依靠于线条的创意变化而塑造出的，如不同形的 XO 酒瓶就是很好的例子。

XO 酒瓶

家具中的椅子，是应用面最广泛的，在款式、造型等方面又赋予设计师灵感以最广阔的天地，而设计师们也乐于在椅子设计领域里驰骋他们的才华，因此，从古到今，椅子的款式琳琅满目。由丹麦设计师汉斯·唯、维纳设计的孔雀椅，线条流畅优美，细部处理精致，造型高雅朴素，颇受大众青睐。意大利设计师哈里·贝尔托尔设计的钻石椅用金属丝织成网状结构，空间流畅、前卫的造型，传达出新材料的轻盈，使该椅成为世界最负盛名的金属网式椅。狗形椅，令人玩味．灯具“如此含蓄”和“雪茄”形灯，简洁、大方、含蓄而新潮，具有时代的美感。

孔雀椅

钻石椅

狗形椅

“如此含蓄”灯

雪茄形灯

当代产品设计中的食品机，无论从造型到色彩，都具人性化的美。

食品机

产品的造型形态，一是来自于人对自然物形态、结构特征的观察，因此不少造物的设计始于对自然原形的模仿，直到现在，仿生学仍对工业设计有着重要的意义。如仿生形园艺剪刀、仿生形钳子等。另一方面，人类在对自然物的长期接触中，滋生出各种情感感受，诸如活泼、庄重、质朴、清秀、柔软、饱满等，这些情感因素往往通过具象的或抽象的方式物化到造型形态中去，使设计物更具人性化。

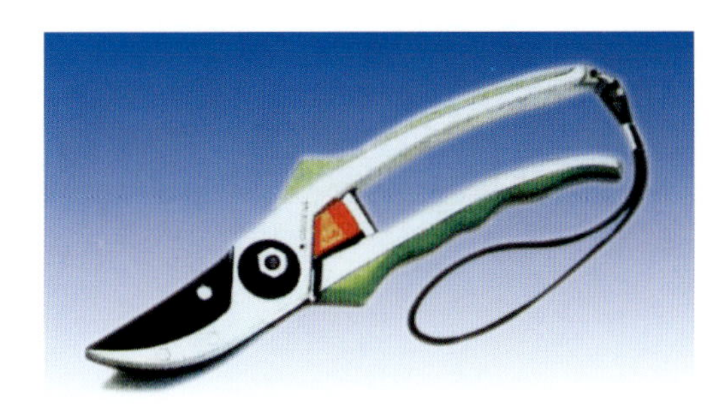

仿生形园艺剪刀

仿生形钳子

工业产品造型美在大工业、机械化、批量化生产的年代，已成为工业产品外观美的同义词；同时造型的审美设计，是人与产品之间的联系和中介，所以，产品的造型美在工业产品设计中已上升到主要的和主导的地位。

（六）科技美

20世纪的美学正在将科学转化为一种艺术，而艺术也因渗透进了理性精神而成为科技的构成因素和形式的组成部分之一。正是由于计算机技术的飞速发展，电脑三维表现和旋转的空间观测方法，可代替传统的模型表现，其直观效果逼真。同时计算机可以理性地通过数据推敲来改变形体，使坚硬的形态变得柔美可爱。而随着集成电路越做越小，产品的功能越来越多，操作越来越方便，产品的外形设计的自由发挥余地也越来越大。这些使科技产品的设计越来越显示出其无比的魅力。

先进的科技设计在机器人制作中大显身手。机器人技术主要由处理器（芯片）技术、软件程序技术、机械自动化技术、远程遥控技术等组成，以其功能效应，成为智能领域中重要新成就的平台。机器人不仅服务于生产领域，而且为人们欢迎而捷足先登，进入寻常百姓家，如机器人巧主妇瓦列丽、会说话的“多拉A梦”、保姆机器人等。

巧主妇瓦列丽

会说话的"多拉A梦"

保姆机器人

高科技时代的外观美设计趋向于简洁、明了的设计语言，并呈现为"各部分的和谐秩序"美感。如能源设计方面德国的风能场，辽阔海岸，阳光夕照、水波荡漾，简直是一道美丽的风景线。德国的太阳能房屋设计，为多方位采光，其设计呈多角度形式，增强了建筑的形式美感。太阳能电动车既节省了能源，又给人以简便、新颖的美感。

德国风能场

德国多方位采光的太阳能房屋

德国生物量制取的合成柴油库

产品设计关联着美的方方面面，而且是多种因素互动、协调的结果，所以，设计师在按美的规律进行设计时，要对各种美的因素加以组织、搭配、调整，德国物理学家海森堡曾说："'优美'是各部分相互之间以及整体之间真正的协调一致。"这样，就能产生超过局部本身的新的质美，从而得到更高层次的整体美与和谐美的效果。

二、现代工业产品设计的组合形式

现代工业产品设计的组合形式主要有组合、系列化设计。这是在原有产品基础上给予外延和深化，以适应人的特殊个性和人机关系的具体情况。如组合家具、多功能组合小工具、系列剪刀、系列台钟等。

组合家具

组合小工具

系列剪刀

系列台钟

三、个性化设计

按照个性、兴趣、爱好等的特殊追求，以优化的可行性设计，设计出个性化、特殊化的产品，最充分地把人的情感和个性交互联系，有机地统一起来。如天鹅椅、音乐韵律感很强的长沙发、海葵金属丝坐凳、音乐椅、水果榨汁机、新芽灯具等。

天鹅椅

韵律感的长沙发

水果榨汁机

海葵金属丝坐凳

大提琴式的音乐椅

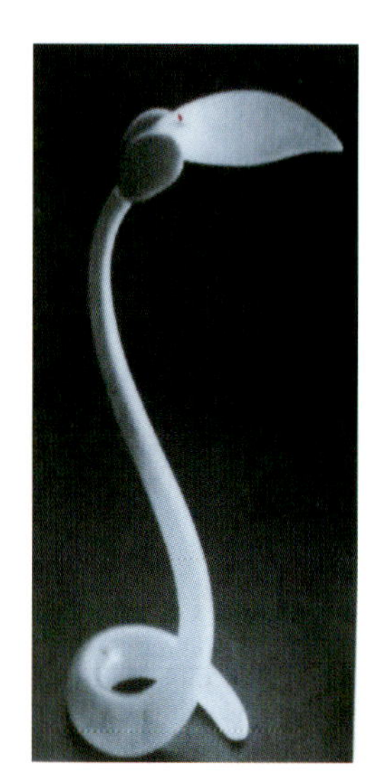

新芽灯具

课题作业：利用现代新材料试设计一款交通工具

作业要求：

1. 选取的新材料必须适合于自己设计的产品。

2. 从标准化、通用化要求出发，用该新材料设计时会遇到哪些困难？如何克服？

3. 从整体性设计要求：市场调查、开发、设计、制作、生产到废弃降解，对社会环境有何影响？

4. 新材料、新技术的结合及前卫性设计观念的运用，对产品市场前景作一预测。

第四单元　产品设计实践中需哪些步骤

一、设计草图与效果图的表达

工业设计是伴随着工业制造高度发展的同时所诞生的一门新型的交叉学科，而设计草图是在改良或发明一个新产品之初人们思维、记录想法的图形手段。起初，先辈们都曾按照各自的独特手法以草图的形式记录和探索未知的世界。伟大的达芬奇就是其中的一位，他以其科学、严谨、准确的绘画手法，大量记录了他在诸多领域的科学研究，无论从解剖、飞行、机械制造等方面都给后人树立了不朽的典范。然而，时代的变迁，科学的发展，技术的革新无不给我们的设计提出新的要求。用何种方法将我们的设计迅速准确地表达在纸面上呢？从绘画的整个发展历程上来看，对形态的表达，素描可谓其首。而对思维过程中瞬间即逝的灵感来讲，漫长的描摹似乎不尽人意，显然速画是我们要掌握的方法之一。达芬奇在他的科学探索中给我们留下了许多优秀的范例，他迅速准确勾勒的飞行器草图，今天仍大放异彩。在工业不发达的过去，由于没有先进的加工手段，人们所制造的产品都以满足基本功能为主。从图面的表现上来看，大都反映了当时的基本要求。如今，科学的发展，技术的革命给各个行业带来了勃勃的生机，在满足基本功能的同时，人们还在不断地追求产品的时尚性和品位性。由此可见，陈旧的设计图面表达已不能满足当今社会的需求，而各个领域的明显划分又对各个行业的设计图面表达提出了更新的要求。不同艺术门类有不同的要求，在工业设计中的概念草图与效果图也必须有自己的独特的表达形式。那么，怎样的表达形式才是其独特性呢？根据众多设计师长期不断探索和笔者多年设计经历发现，具有制造感的图面表达才更能反映工业产品的特性，它需要通过设计、加工到用户使用来反映它们各自不同的功能与价值。因此，设计图面的表达就要反映它的任务和功能。设计要考虑的是制造和生产的可行性，如在设计过程中我们要研究产品的工艺、材料、人机关系、起模工艺等等。

追寻设计的渊源，设计草图与效果图的表现离不开绘画，而一切绘画的基础又是素描，素描的水平决定着造型能力。因此，好的造型能力与好的设计图面表达是呈因果关系的。当然，一个造型能力非常强的人，若不了解工业设计的实质，他的图面表达也只会停留在绘画的表达上。所以设计草图的准确表达，离不开两者之间的深入研究。接下来我们将通过图例谈一谈产品设计草图与绘画的共同点与区别点。

（一）设计草图与绘画作品的展示场所

设计草图所提供的是可供评审的设计方案，它所面对的是企业经营者：如决策经理、销售人员、结构工程人员、工装工艺人员等等。站在决策经理与销售人员角度关心的是该设计转化为产品后的卖点是什么，能不能被广大消费者所接受；结构工程人员关心的是该设计的结构按现行的加工技术能不能实现，如何加工的问题等等。而绘画作品的展示场所是展览馆，它所面对的是绘画艺术爱好者和对此门艺术感兴趣的广大观众，他们感兴趣的是该作品有没有艺术个性，能不能带给他们艺术上的享受。从上述两种功能分析来看，我们不难发现他们各自所要完成的任务与使命：一个是使用的，而另一个则是精神的。

（二）行线的表达

在产品设计中，设计者在表达想法的同时，其行笔要考虑到形面的光顺与制造性，笔与笔之间，形与形之间都预示着未来产品之间的相互关系。不能简单地从效果这个角度来看待问题，不能为效果而效果，为造型而造型。反复地推敲行线与功能，行线与制造，行线与人机之间的关系，对设计者来说才是最本质的。缺乏对这一层面的研究，我们的设计将会失去方向。因此，行笔的光顺要贯穿于草图绘制的始终。

然而，行线的表达在纯艺术绘画中却有着另一方面的特殊追求。画种与画种之间，画家与画家之间都以其各自不同的方式表达其自身行线的情感。根据画面内容的需要，笔与笔之间时放、时连、时点、时擦、时断、时续，营造出画面个性的艺术氛围与气质。但这一切的一切都与制造无关。

（三）结构的表达

每一个产品都是通过相互关联的部件组装来完成的，从外部造型到内部的结构都是为满足功能的需要而有意设计的。不同的产品由于它自身的特殊性而需要不同的加工手段，如注塑、吹塑、吸塑、浇铸、钣金工艺等。这就要求我们在对该产品设计之前与相关的工程技术人员进行工艺上的探讨，以获取设计的界限来处理相应的结构关系。在了解了工艺要求之后，我们的设计就会有一个方向，同时我们的精力才会被有效地集中起来，有针对性地打开与此相关的设计思路，以获取可行的设计方案。那么如何才能在我们的设计草图中明确地表达我们的设计意图呢？除了对形态的把握之外，我们要学会不断地对形态进行剖析，利用断面处理的手法，时时的加注辅助线来表达形态之间的结构关系。

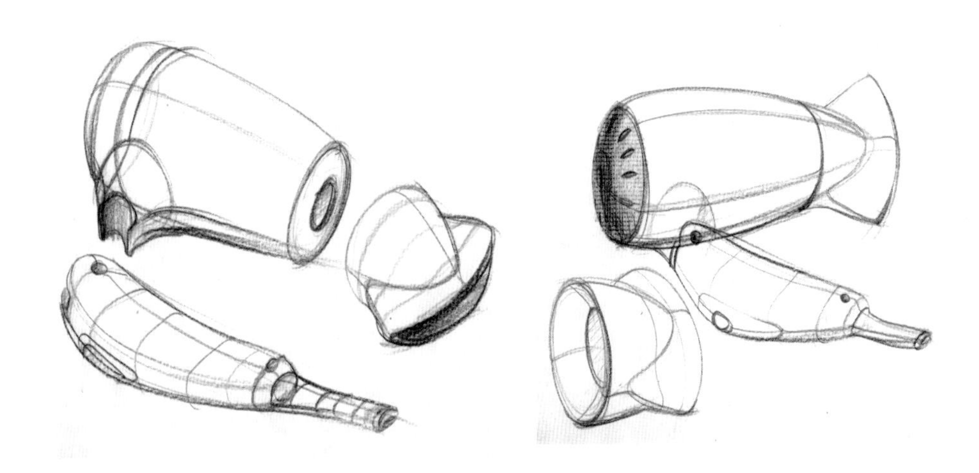

事实上在整个形态的设计过程中，形与形之间、结构与结构之间是相互依赖相互关联的，无论何种造型都不能脱离其自身的结构关系去构想与之相异的其他产品造型。而绘画中所涉及的某种形态结构是为画面的视觉效果而进行的艺术处理，它是辅助的，是以为主题服务的道具而出现的，根据画面的不同需要，它们时而被夸张、时而被虚化、时而被变形。但这都是工业设计中所不允许的。

（四）分模的处理

从某种意义上讲，产品设计的目的是获得生动有趣的造型，良好的设计大都体现在它不仅有美丽出众的外表，还体现在细节的处理上，如模块与模块之间的巧妙协调、分模线的流动感与走向、分模比例的美感和利用分模的处理变幻不同材质、色彩等等。巧妙的分模不仅能给产品带来美感还会降低该产品的制造成本，这对于经营者也是求之不得的。综上所述，分模的处理在整个设计过程中是非常重要的。

课题作业一：根据“设计草图与绘画的共同点和区别点”谈谈自己的理解

1. 在工业设计图面表达中怎样才具有制造感 （25分）
2. 怎样区分纯绘画与设计表现 （25分）
3. 设计表现的特性是什么 （25分）
4. 断面辅助线在设计表现中起什么作用 （25分）

二、工业设计形式的综合性表达

工业产品的设计是多种设计语言的组合，产品的形式是材料和结构的外在表现。每一种新的产品形式的产生就意味着含有一定的形式意义。美国著名的ZIBA设计公司认为“没有好的或坏的设计，只有适合的设计、恰当的设计。”由此可见，对这些形式语言的掌握，并合理地运用，就可以产生最基本的产品设计。然而，有很多设计者在有了好的想法之后，却不能将想法延续下去。因此，最初的设计表达能力是必须加强的。本节，我们以电动工具中的手枪钻为例，向大家展示一种马克笔与色粉的表现技巧。

（一）电动工具的设计

手电钻是我们生活中常见的电动工具。在设计时我们可带着自己的课题到五金商店看一看，以便更深入地了解电动工具的基本构造和使用功能，再从中寻找它的可变范围以及设计点。以下是一些电动工具的构思草图。

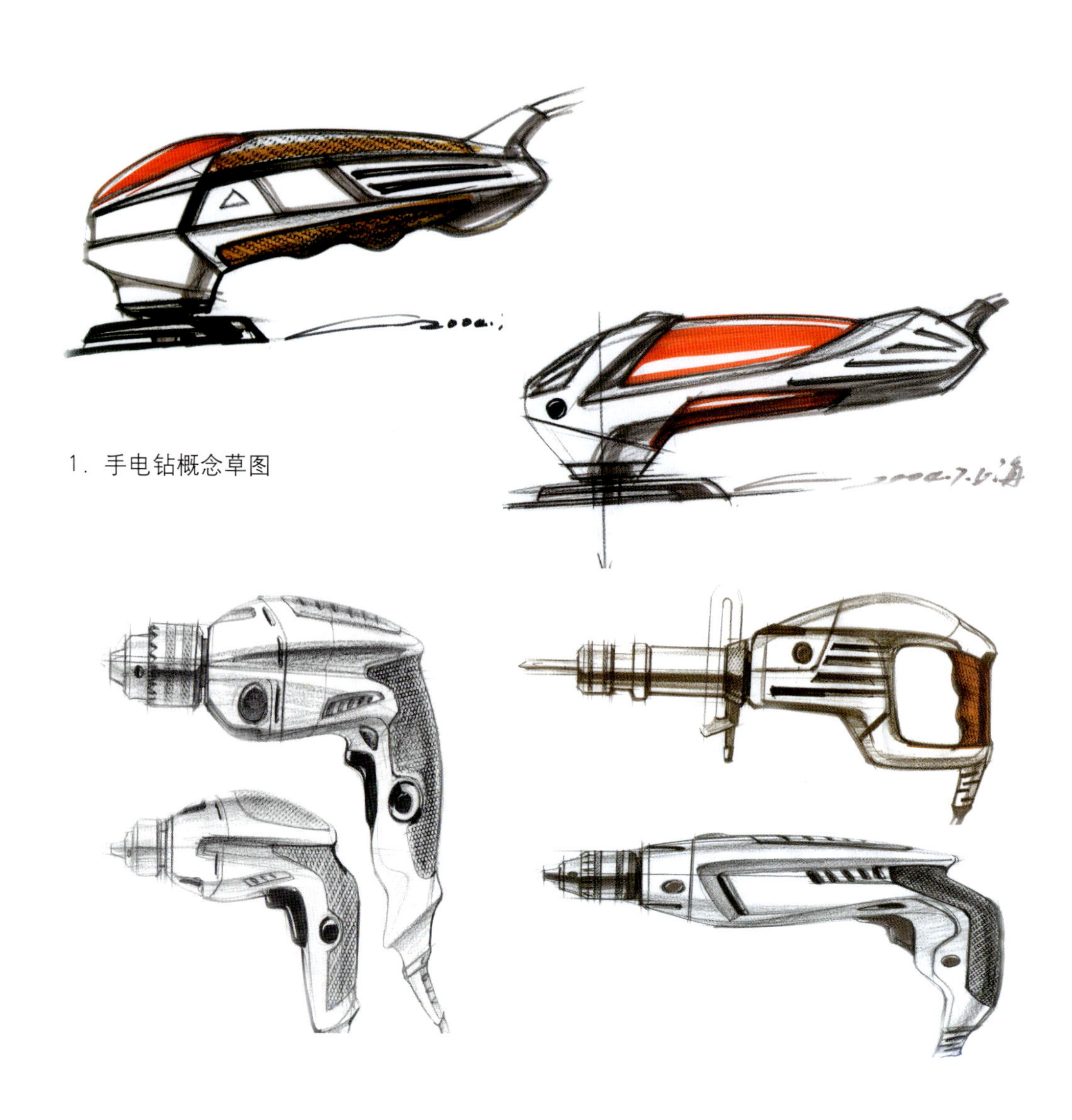

1．手电钻概念草图

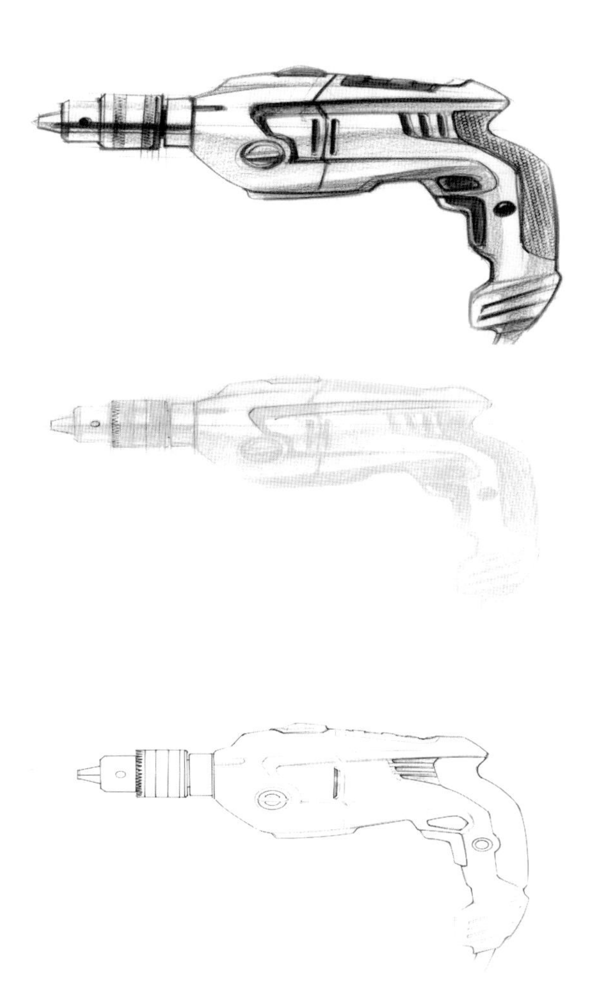

2. 手电钻效果图绘制步骤

(1) 我们选择此幅草图作为效果图制作的范例。

(2) 先将创作的手电钻概念图放于马克纸下，而后用HB铅笔将手电钻的大体轮廓描出，在描画的过程中，可将草图中不规范的形态用草图尺规范整理。同时，将一些不到位的形态表现清楚。勾画时，要做到行笔准确，切莫用橡皮在马克纸上反复涂擦把马克纸表面破坏，影响马克笔和色粉的制作。

(3) 带线稿描画完毕后，将概念草图取出，然后准备尺具，用0.2～0.5的针笔勾画相关的造型线，这一步比较关键，勾画应注意虚实关系的处理。通常，内部形态无需用针笔进行描绘。因为，用针笔描绘内形会妨碍马克笔在形态明暗上的表现。

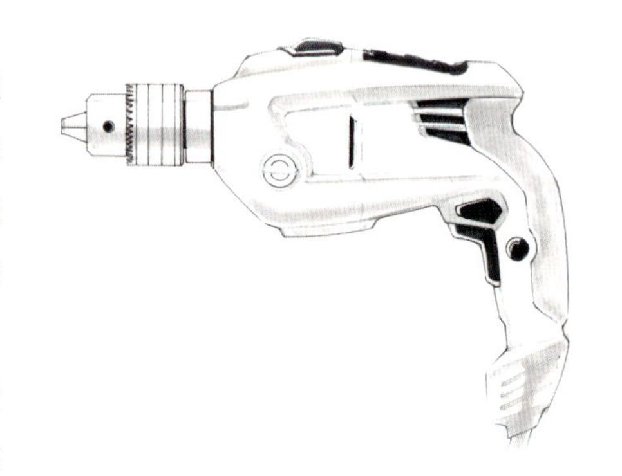

（4）用淡灰色马克笔按照素描的道理进行概括，尔后，再用深灰色马克笔将形态的细节部分，将按键、调节钮、出风口、进风口等一并画出，画时要注意概括留出转折面和反光面等。

（5）上一步，灰色和深灰色马克笔的运用，以将手电钻的基本明暗关系确立。这一步，着重考虑手电钻的色彩及质感的处理。本图采用了橘红色作为手电钻的基本颜色，前端采用金属银灰色，描画时要注意色彩间的相互协调。我们看到前端金属键采用淡黄色作为底色，尔后，用深灰色强调明暗交界地带，后部塑料件在淡黄色的基础上，用橘红色强调了明暗交界，使形态显得突出而协调。

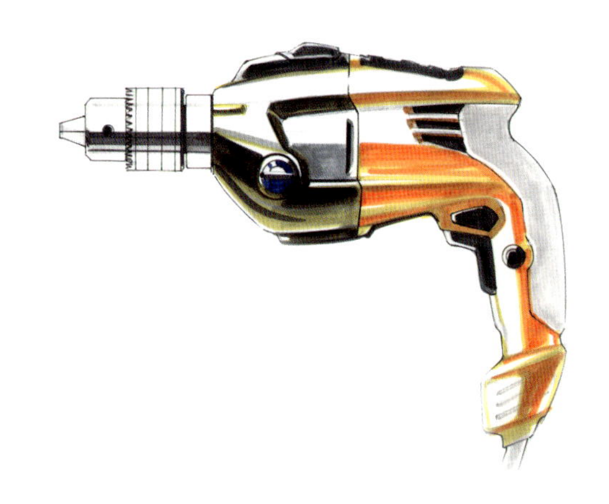

（6） 这一步是把主要精力放在细节的刻画上和形态的规整上。从图中我们不难发现，在这一步两键之间的色差已经拉开，形态显得明朗而清晰，笔触的运用也非常的考究，细节也较完整，就此马克笔的制作告一段落。

（7）在前面的一些图例中，我们已经反复强调过，马克笔在表现形态时，要笔笔卡在结构上，而留出擦拭色粉的位置，是整个马克笔制作过程中应当特别注意的一个环节。从图中我们看到作者在运用马克笔时已预留好了擦拭色粉的位置。这里的色粉擦拭与前面其他图例所不同的是，在一个图中出现了两种色彩和质感，采用遮挡擦拭的方式，能很好的完成图中的效果。这里，还要对色粉的擦拭进一步强调。因为，本款手电钻的切削曲面较多。因此，擦拭时形态上下要注意留下空白。

（8）待色粉擦拭完毕后，我们可以采用“橡皮调整法”，对色粉擦拭过的地方进行调整和处理，如分模线、进风口、出风口、弧面高光等等。分模线可采用橡皮切削后的尖锐部分进行调整，而弧面部分则可采用橡皮的球面部分进行处理。

（9）效果图表现得是否精彩与高光的点制是分不开的，而高光的点制一定要遵循高光的技法进行操作。点制高光时，脑子要保持清醒，待考虑成熟后，再进行点制。

课题作业二：临摹《电动工具》，设计电动工具

根据《电动工具》效果的制作步骤进行临摹，之后，设计一至二款电动工具，并用马克笔色粉的表现方法制作效果图。

1. 根据《电动工具》效果的制作步骤进行临摹；
2. 写出临摹后的体会；
3. 提出自己对《电动工具》的认识；
4. 按《电动工具》效果的制作方法，用色粉马克笔形式画一至二款《电动工具》方案；
5. 对设计方案进行说明。

评分标准：

1. 临摹的方法是否得当，马克笔与色粉的技巧掌握是否得当　　（25分）
2. 临摹的效果　　（25分）
3. 图表达的完整性与表现力　　（25分）
4. 结论说明　　（25分）

（二）商用车《神力小卡》的设计

本节我们将以商用小卡车“神力”的设计为例，较为详细地介绍汽车这一典型的工业产品的设计程序与方法。

1. 发现问题，提出问题

现代社会，经济发展迅速，汽车作为必不可少的代步、运输工具，与我们的生活密不可分。如何使汽车对驾乘者及维修者以更多的关怀？使车座宽敞而舒适，驾驶富于乐趣，安全且减少伤害等；而商用车的设计要考虑较高的使用频率和重复性的使用特征，节省燃料并且利于环保，维修方便，路面和环境适应性强等，这些都是我们的设计师应当解决的问题。

2. 市场调研，酝酿策划

相对重型卡车，小型卡车具有轻便、易操作等特点，近年来呈较快的销售增长趋势。目前，国内的大部分的汽车设计往往都是由国外的设计师或设计公司完成的，我国的汽车设计事业还刚刚起步。从一些已有的产品中我们可以看出，我们离国外的设计水平还有相当大的差距。

21世纪的设计，追求的是人本主义，人性化的设计。可以说，缺乏“以人为本”的理念，将在今后的设计市场中寸步难行。特别是在卡车的设计上，我们的设计还像是停留在七八十年代，往往给人以“笨重、粗大”的感觉，产品重视本身的动力性能、机械性与使用性，而忽视了人的因素。其实，相对其他车型的驾驶员，卡车驾驶者比较辛苦。所以，充分发挥汽车设计人本位的理念是我们设计师最应该做的事。

3．构思构图

在构思草图时，设计者尽可能地进行思维的发散，可不必太多考虑方案的可行性，在开始构思时太过于理性化，往往会阻碍优秀创意的产生。设计组成员能够在一起多讨论也能碰撞出灵感的火花。

我们围绕“关怀与分享”这一主题，进行了创意。一方面，对于传统的小卡车进行了外部形态上的改进，使之更加现代、宜人，另一方面，也针对主题将一些好的创意融入到设计之中。

4．方案讨论确定

这一步，就是要对前面的一些方案和亮点，进行归纳和总结，融合于最后所确定的方案中。特别是像小卡车这样较大型的产品，更是要分析得详细透彻，不仅仅是站在设计者的角度，更要站在驾驶者、修理者、行人等角度上，特别是对人机关系的处理是否合理等，多想想哪里还不完善、不合理，这样设计出来的产品才能经得起推敲。在经过不断的创意累积、改进循环之后，我们才能确定最终的方案。

在造型的设计上，方案延续了大型卡车的稳重与霸气，让人感觉这样的小型车却不单薄，敦实、稳重使人在心理上产生安全感。而由于车的小巧，在技术上避免了重型卡车的笨拙，不易操控性，体现了小型车的优点：灵巧轻便与快速。形态的仿生应用使得机械产品不再冰冷，缺乏人情味。车身动感的线条，流畅的曲面，饱满的车身，让人感觉优雅精致而有味道。

我们设计的这个产品，有这样一个亮点：除了车室内空间宽敞，驾乘舒服之外，小卡车后部有一个可以伸缩的敞篷。这一设计能使座椅扩大空间，让驾驶员能够好好地休息。

另外，在车的上部，设一个可伸拉的天窗。可以想像，辛劳的驾驶员可能要在狭小的驾驶室内待上一整天，不见阳光，抽烟之后车内空气混浊……。豪华小轿车上的天窗放在这样一部小卡车身上是不合适的，又增加了车的成本，而这样手拉式设计既很方便，又满足了功能，外部形态上仿生于甲壳类生物，出现在小卡上还是非常“酷”的。

在车的顶部安装了一个顶灯，这样可方便早出晚归的工人，也方便在野外的工作或露宿时所用。

这样一款小卡车，特别适合于中小型企业和家庭使用，不仅操作宜人、富于乐趣，且安全可靠富有亲和力，同时也具备有卡车本身特性。为此，我们给它取名为“神力”，车如其名，神武有力。

5．电脑建模

前边的草图方案还只是比较粗糙的概念表达，有些情况还不够合理，这就要求我们后期建模的时候合理调整。看草图所表达的是这么一回事，而根据尺寸所得到的效果却出乎意料。这就要求我们后期建模的时候合理调整。所以，不要认为电脑建模工作是一个非常机械的加工活动，其实这比想像中要复杂得多。

如果说构思草图是感性的创作，这回应该是一个理性化的再创造过程。其中很难把握的，就是对产品特别是现在所设计的卡车类的尺寸比例不够合理。为了避免这一情况的产生，我们在设计制定相关尺寸时，用较长的米尺切身测量一下，看看是否合理，这样我们才能设计出比较符合实际、符合人机的产品。

6．渲染出图

想看一下你所设计的小卡车的真实效果，那么你还得多花些功夫在计算机模型的渲染上，这样一来，产品中的色彩、材质就能一目了然地表达了。

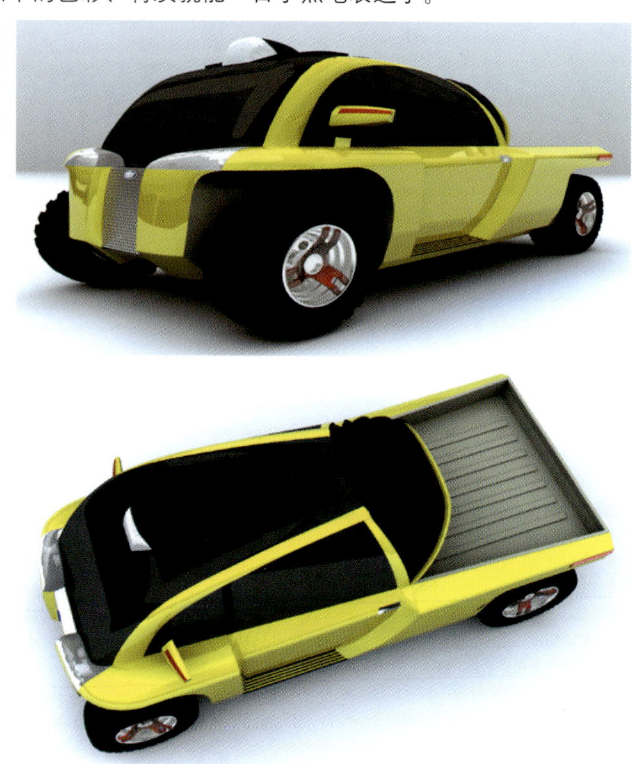

《神力小卡》设计制作者：蒋跃

导师：曹学会

课题作业三：根据《神力小卡》提出自己的新概念并做出草图方案和设计说明

作业要求：

1．收集小卡的资料，并对资料进行分类。

2．阐述对小卡的认识。

3．提出改良的思路。

4．以草图的形式表达自己的想法，草图要从不同的角度来反映形态完整性。（不少于三个角度，完成15幅以上）

5．完成最终方案进行说明。

评分标准：

1．认识力　（25分）

2．概念新颖性与合理性　（25分）

3．草图表达的完整性与表现力　（25分）

4．结论说明　（25分）

（三）水上娱乐折叠船的设计

这里，我们将以水上娱乐折叠船的设计为例，较为详细地介绍从构思设想一直到产品模型设计出来的整个程序与方法。

1．发现问题，提出问题

现代生活节奏的加快，使得人们对于身心疲劳的释放也愈来愈渴望。在完成了辛劳的工作之余，你是否渴望投入到大海的怀抱？水上娱乐是一种不错的选择，在水上，你能够释放出激情，迸发你的热情与活力。

但水上娱乐的缺点是其装备太过庞大、复杂，价格也较昂贵，可以说是一种“富贵”娱乐。所以我们就想设计一种方便、简单、成本也较低、适合大众的水上娱乐工具折叠船。

水上娱乐折叠船最大的特点就是便于携带，可以随时展开使用；在水上运动时，平稳安全；既实现了都市人群快节奏的生活方式，又让人们充分享受到了生活的乐趣。

2．市场调研，酝酿策划

可以说，水上娱乐折叠船这是一个全新概念的产品，同类产品在国内外几乎没有。而随着人们生活水平的提高，特别是一些沿海的旅游城市，这样一件新产品的产生还是很有市场潜力的。特别是一些年轻人，他们敢于尝试新事物，这样一件时尚、充满活力的体育产品对于他们有着很大的吸引力。

3．定位立案，构思构图

（1）构思草图

在进行市场调研及分析后，进行设计的第一步构思草图。此时，设计者可以思维的发散扩展，集聚各种好的灵感、点子。此时，可不必考虑方案的可行性，因为在开始构思时太过于理性化，往往会阻碍优秀创意的产生。设计人员组成小组开“头脑风暴”会议，也是不错的选择。

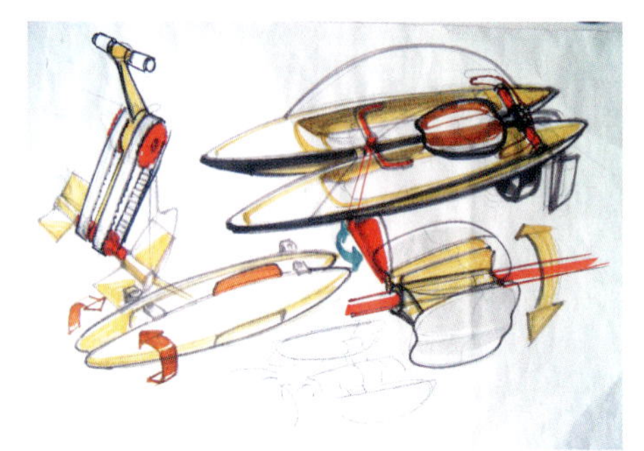

（2）方案讨论

在经过众多创意的累积之后，则可以在发散性思维的基础上浓缩集中。由众多的好点子汇聚在若干个完整方案上，一般在3到5个之间。此时，针对“准方案”，进行较理性地分析，确定方案的可行性。要学会“取”与“舍”，最后确定出“出彩”且可行的方案来。

（3）电脑建模

刚才的方案还只是停留在笔尖的表达，要在后期制作模型时精确易行，则必须产生便于打印的计算机图像。我们提倡用三维软件进行建模、制图，因为采用三维软件更能使人有感性化的认识，也便于发现并解决更多实际操作中将会碰到的问题。Rhino、3dsmax等等都是一些很不错的工业造型软件，建模出图也很快，最后确定的尺寸图也能列入平面软件进行编辑。

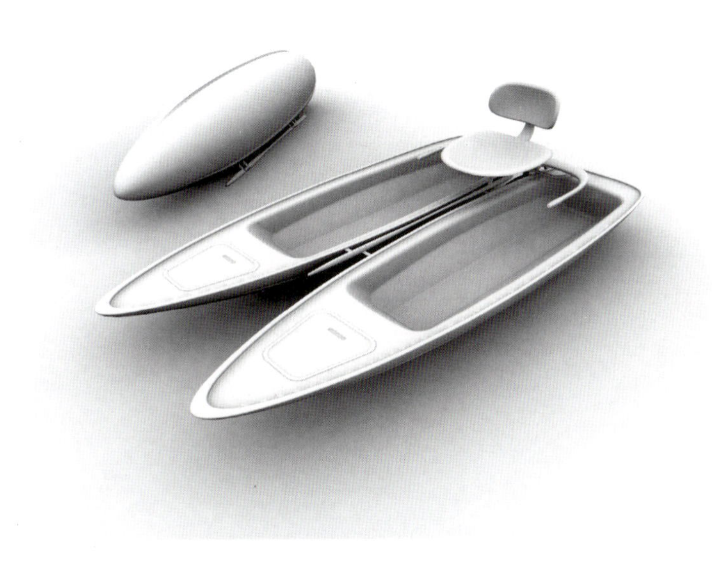

（4）渲染出图

为了使计算机建模的产品更具真实化，我们可将前面所建的模型用Brazil、FinalRender赋予颜色、材质感，渲染出接近实物照片的图片。

4．制模审定，实施生产

（1）线图粘贴

得到了产品的尺寸图与效果图，我们将正式进行模型的动手制作。别急着动手，首先我们要按比例粘贴线图。粘贴线图的目的是为了使即将加工的模型直观化，得到进一步检验。

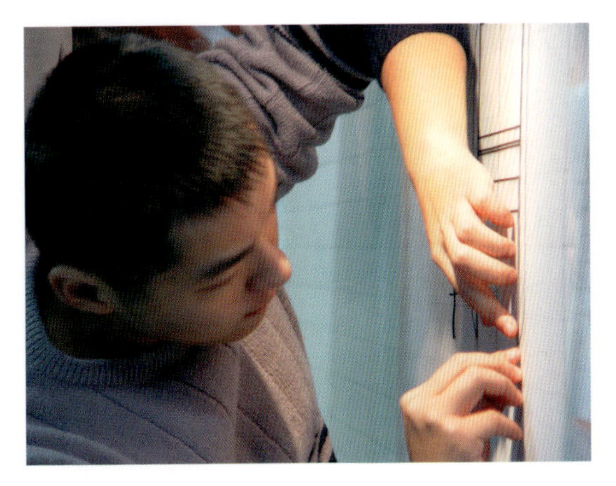

（2）胚料加工

我们选用聚氨酯泡沫制作产品模型，聚氨酯材料具有易加工、比较坚实的特性，后期也能进行打磨、上漆。按照指定的尺寸选取材料，因为聚氨酯泡沫也比较贵，在选材的时候尽量做到节约、合理。接着我们拿几张白纸附在线图上，用铅笔将三视图的轮廓拓印下来，再用胶带贴在聚氨酯泡沫的各个面，那么我们就可以按照它的尺寸进行加工了。注意，在保证大的形态准确的基础上适当放出一些余量，以免在进一步校正与精细加工时矫枉过正了。

（3）精细加工

确定了大形之后就可以进一步加工，所使用工具，如打磨用的砂纸可用更大号更细致的。这里我们要注意的，是在精细加工时不能只顾局部而忽视了整体，对一些细节死抠，结果使大形走了样。至此，我们该得到的是一个大致完成的初模，检验是否合格的标准是模型整体大的形是否准确、连贯、对称，而细节和小的形是否精确、细致，所加工的面不能有凹凸。

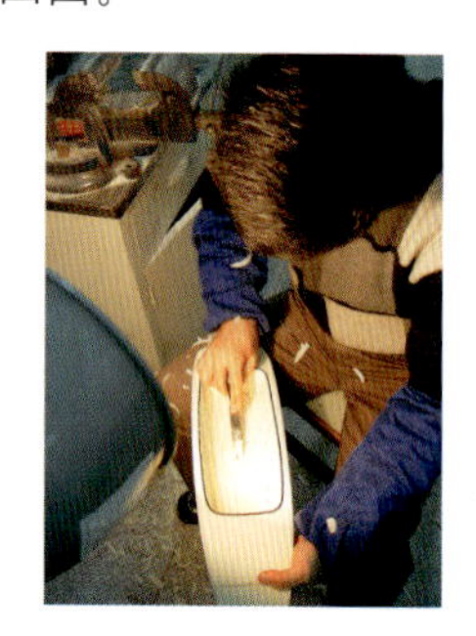

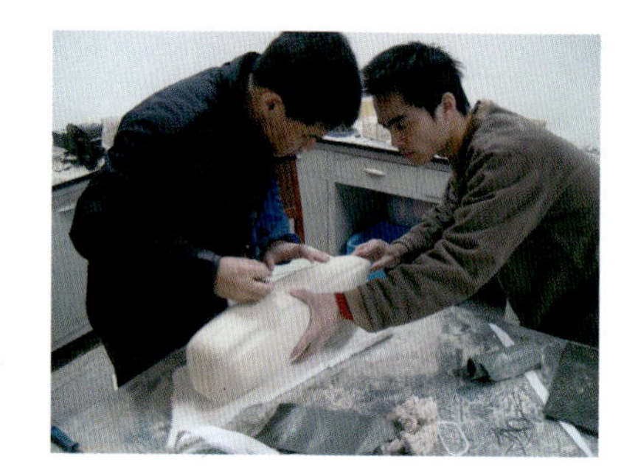

(4) 上料、打磨刮在聚氨酯模型表面的原子灰，待原子灰完全干透坚硬之后就能用砂纸加水打磨，砂纸由粗到细。上过原子灰之后的聚氨酯模型可以更坚固，并且在精细打磨以后表面细致光滑。不要以为这是很简单的一步，这其实这是整个模型制作的关键，如果处理得不好就会给以后的步骤带来困难，更可能前功尽弃。因为这步处理不好，表面很容易坑坑洼洼不平整，喷漆后就会显出原形；而如果原子灰刮得不均匀，就会使整个外观都变形，最后几乎无法改动。这一步更是对设计者毅力与耐性的考验，通常原子灰的上料与打磨要反复在 3、4 遍以上，以求得模型表面的最终完成。同样，在打磨的时候细微的地方要注意，模型的整体也要把握好。

（5）曲面检验

外形是否准确，曲面是否滑顺，就要靠喷漆检验。用黑颜色的罐装快干漆轻轻地喷在模型的表面，注意不要太多，漆覆盖上原子灰的模型表面就行，待模型表面干透后在光亮的地方就能检验了。针对表面缺陷与凹凸不平整的地方，再返回上一步，用原子灰轻轻覆盖上去修改，不要太多，干透之后再用细砂纸加水打磨。这样，反复检验、上料、打磨数次之后，就能得到满意的模型了。

(6) 零件加工

零件的加工也同主体部分加工一样，只不过东西小了就要更细致。一些细小不易加工的零件和需要亚光处理的部分就无需上原子灰了，只要用细砂纸打磨光顺即可。

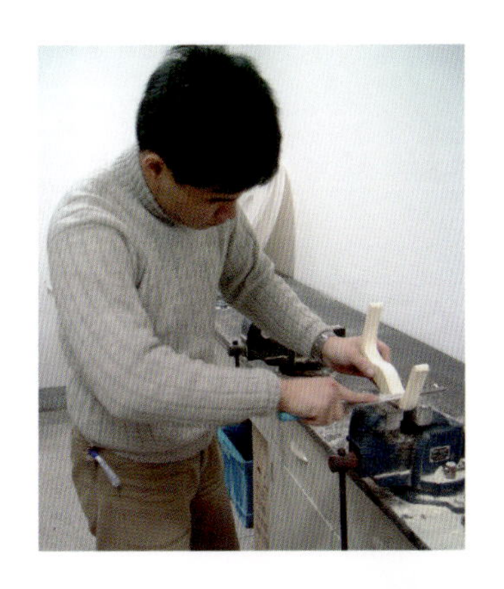

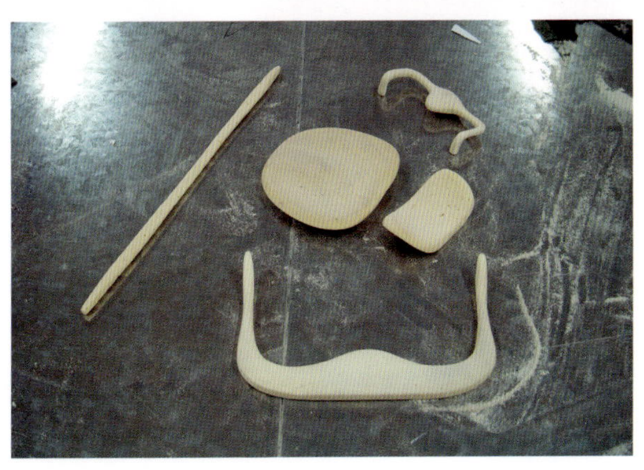

（7）喷漆成型

产品模型所有的部分加工完成之后，就可以喷漆了。喷漆要注意宁少勿多、各部均匀，通常要分几次才能完成。如果一个整体有多个颜色的，要等一个颜色干透之后用纸遮盖起来，边缘用胶带贴好再喷漆。如果有分模线的地方，先用黑色喷底，干透后用细胶带粘好就可再喷漆了，完全干透之后用镊子将胶带线轻轻揭去就露出黑色的分模线了。

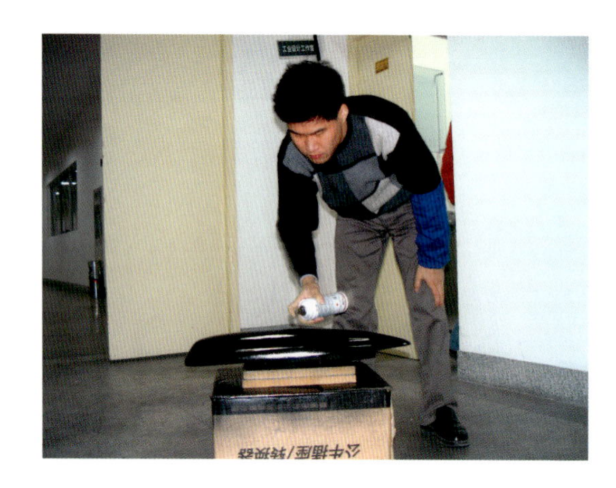

（8）模型组装

所有的元件完成之后就可以组装了，组装时可用少许原子灰、大头针等在模型连接处加固。这时候对模型要小心轻放，以免碰坏产品模型，也可以用ABS板、纸板等为产品模型做个底座，这不但能安全地移动模型，也使它的摆放更安全。这样，一个完整的产品模型就呈现在我们面前了。不要惊讶，这就是完完全全从我们手中加工出来的。除了要有好的创意和熟练的加工技巧之外，胆大心细和始终如一的耐心更是做好产品模型的关键。

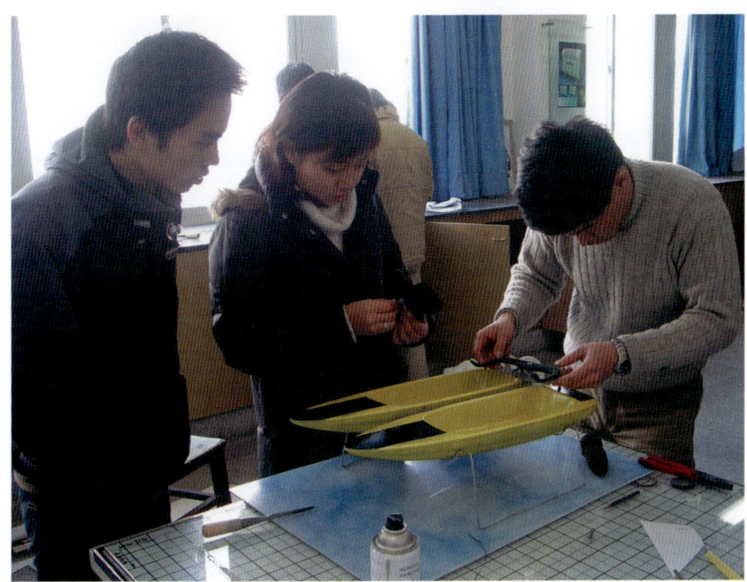

《折叠船》设计制作者：蒋跃、顾文等

导师：曹学会

课题作业四：根据《折叠船》的设计提出自己对游乐船的认识并设计一款小型船

作业要求：

1．收集小型游乐船的相关资料并进行分类。

2．提出自己的想法。

3．通过草图与效果图的形式表达自己的创意思想。

评分标准：

1．根据资料谈自己对船的认识 (25)

2．能否根据现代生活的需求提出自己的设计观点 (25)

3．以草图和效果图的形式来反映设计结果（一到两款） (25)

4．根据流体力学的原理对自己设计的小型船进行评述 (25)

写在后面

俗话说："一个篱笆三个桩，一个好汉三个帮。"《产品设计变奏曲》一书即将问世，是得到了多方面的支持和帮助。在此，我要感谢中国建筑工业出版社李东禧和陈小力同志对我的支持；感谢上海二工大曹学会这位有设计经验和设计水平的老师的真诚合作；更要感谢我的丈夫对我的帮助，他让我有更多的时间从事写作，并在技术上亲自帮助操作，使这本书能按时交稿。

《产品设计变奏曲》一书的图片来源于2004年的《产品设计》期刊；中国广告协会编的《中国广告摄影年鉴》；美国 梅尔·拜厄斯主编、王静译的《钢的魅力》；王明旨的《产品设计美术卷》；项奎编的《国外工业设计造型图例》；谢庆森、崔发文、郭青山主编的《产品造型设计实例图集》；张玉祥的《造型设计基础色彩构成》；曹振峰的《燕赵乡情》；紫图大典丛书编辑部的《世界设计大师图典》和期刊《中外文化交流》等，尚有一些图片是在历次教学过程中收集的，由于当时记录不详，以致现在无从查考，也无从联系。在此，特向有关作者致以深深的谦意，请他们谅解，并表示衷心感谢。

我想到了一个"人"字的写法，一撇一捺的交错，象征着人与人之间是应该相互支持、相互帮助的。

在此，我谨向所有支持我、帮助我的人们表示由衷的感谢！

主要参考书目：

1. 王明旨主编. 产品设计. 中国美术出版社，1999 年
2. 刘　丽，马　赛编著. 工业设计与展示设计. 中国纺织出版社，1998 年
3. 黄良辅，段祥根主编. 工业设计. 中国轻工出版社，1996 年
4. 庞志成，于惠力主编. 工业造型设计. 哈尔滨工业大学出版社，1995 年
5. 紫图大典丛书编辑部. 世界设计大师图典. 陕西师范大学出版社，2003 年
6. 程能林. 工业设计概论. 机械工业出版社，2003 年

图书在版编目(CIP)数据

产品设计变奏曲 产品设计教程/陆家桂，曹学会编著.
北京：中国建筑工业出版社，2005
(高等艺术设计课程改革实验丛书)
ISBN 7-112-07668-4

Ⅰ.产… Ⅱ.①陆…②曹… Ⅲ.产品—设计—高等学校—教材 Ⅳ.TB472

中国版本图书馆 CIP 数据核字(2005)第 095302 号

责任编辑：陈小力 李东禧
责任设计：孙 梅
责任校对：刘 梅 王金珠

高等艺术设计课程改革实验丛书
产品设计变奏曲
产品设计教程
Variation of Product design
陆家桂 曹学会 编著
*
中国建筑工业出版社出版、发行（北京西郊百万庄）
新华书店经销
北京画中画印刷有限公司
*
开本：889×1194 毫米 1/20 印张：6½ 字数：200 千字
2005 年 9 月第一版 2005 年 9 月第一次印刷
印数：1—3000 册 定价：**39.80** 元
ISBN 7-112-07668-4
(13622)

(邮政编码 100037)
本社网址：http://www.china-abp.com.cn
网上书店：http://www.china-building.com.cn